十万个高科技为什么

第一辑

南方科技大学
组织编写

ENCYCLOPEDIA

FOR

HIGH-TECH WHYS

SPM 南方出版传媒
广东科技出版社 | 全国优秀出版社
· 广 州 ·

图书在版编目（CIP）数据

十万个高科技为什么. 第一辑 / 南方科技大学组织编写. —广州：广东科技出版社，2020.9
ISBN 978-7-5359-7547-8

Ⅰ.①十… Ⅱ.①南… Ⅲ.①高技术—普及读物 Ⅳ.①TB-49

中国版本图书馆CIP数据核字（2020）第153284号

十万个高科技为什么 第一辑
SHIWAN GE GAOKEJI WEISHENME DI-YI-JI

出 版 人：朱文清
责任编辑：刘 耕 刘锦业
封面设计：刘 萌
责任校对：李云柯
责任印制：彭海波
出版发行：广东科技出版社
　　　　　（广州市环市东路水荫路11号 邮政编码：510075）
销售热线：020-37592148 / 37607413
http://www.gdstp.com.cn
E-mail：gdkjzbb@gdstp.com.cn（编务室）
经　　销：广东新华发行集团股份有限公司
排　　版：创溢文化
印　　刷：广州市岭美文化科技有限公司
　　　　　（广州市荔湾区花地大道南海南工商贸易区A幢 邮政编码：510385）
规　　格：787mm×1 092mm 1/16 印张14.5 字数300千
版　　次：2020年9月第1版
　　　　　2020年9月第1次印刷
定　　价：88.00元

如发现因印装质量问题影响阅读，请与广东科技出版社印制室
联系调换（电话：020-37607272）。

编·委·会

主　编：李凤亮　刘青松

副主编：陈跃红　张　凌

学科统筹（按音序排列）：

郭传飞　李闯创　鲁大为　罗　丹　唐博

奚　磊　郑　一

主要编写人员（按音序排列）：

陈勋文	程　然	邓巍巍	邓　旭	冯自强	高　健
谷　猛	郭琼玉	郭智勇	何海军	何俊龙	胡　衍
黄培豪	靳铭珂	李闯创	李贵新	李　凯	李芯芯
李　莹	刘昶旭	刘　江	刘俊国	刘泉影	刘帅旗
刘玮书	刘心元	刘言军	刘烨庞	刘志强	柳钰慧
鲁大为	罗　丹	闵天亮	邵理阳	宋　轩	唐　博
唐宇涛	唐圆圆	田雷蕾	汪福东	王俊坚	翁文康
奚　磊	项晓东	辛　涛	徐　晨	杨迪琨	杨　鹏
余飞宏	张文清				

编写助理（按音序排列）：

崔　繁　冯爱琴　庞翠琼

绘　图（按音序排列）：

陈　悦　丘　妍　王　林　薛毅恒　张依林

主　编

南方科技大学党委副书记、人文科学中心讲席教授，暨南大学文学博士。享受国务院政府特殊津贴专家，国家"万人计划"宣传思想文化领军人才、中宣部文化名家暨"四个一批"人才、教育部"新世纪优秀人才支持计划"入选者、教育部艺术学理论类专业教学指导委员会委员、广东省优秀社会科学家、深圳市国家级高层次专业领军人才等，获得国家社会科学基金重大项目、霍英东教育基金会"高校青年教师基金"和"高校青年教师奖"、深圳市"鹏城杰出人才奖"等。兼任中国世界华文文学学会副会长、中国文化产业研究会副会长、海峡两岸文化创意产业高校研究联盟副理事长、中国外国文论与比较诗学研究会副会长等。研究领域为文艺理论、文化创意产业和城市文化。

李凤亮

南方科技大学海洋科学与工程系讲席教授，明尼苏达大学博士。获得国家杰出青年科学基金资助，入选教育部特聘教授，中国科学院大学岗位教授，青岛海洋与技术国家实验室首批"鳌山人才"卓越科学家，荣获"全国模范教师"称号。主要从事古地磁学基本理论及其在地学中应用的基础与综合研究，在岩石与矿物的复杂磁性机理、沉积剩磁获得机理与地球磁场演化、海洋磁学、大陆架沉积物年代学与古环境演化等方面取得了重要成果。

刘青松

副主编

陈跃红

南方科技大学人文科学中心讲席教授，人文社会科学学院院长，人文科学中心主任。曾任北京大学人文特聘教授（比较文学与世界文学）、博士生导师（比较诗学与比较文学理论方向）、中文系系主任。享受国务院政府特殊津贴专家，中英双语杂志《比较文学与世界文学》双主编，2015国家社科重大项目"国民语文能力研究暨测试系统分类建设"首席专家。现任中国比较文学学会副会长兼组织委员会主任，中国比较文学教学研究会副会长，北京市比较文学学会副会长。研究方向为比较文学理论、比较诗学、中国古代文学批评理论的跨文化研究、20世纪西方中国文学研究的理论与方法、中西文化关系研究等。

张　凌

南方科技大学党委常委、宣传与公共关系部部长。文学硕士，教育学博士。主要从事大学学科组织建设和大学文化传播研究，在推动大学科技传播方面积极探索，以南方科技大学为平台策划了一系列科学传播项目。

前　言

　　毫无疑问，21世纪是高科技的时代，人们对科技历史的追溯从1个世纪缩短为10年甚至一两年。高科技之"高"表现得"惊为天人"，创造出许多过去只存在于想象中的奇迹；高科技发展之"快"，用"日新月异"已不足以形容。那么，高科技到底是什么？高科技离我们的日常生活究竟有多近？应该如何去认识高科技、学习高科技、发展高科技？……关于高科技，我们有十万个"为什么"需要解答。为此，南方科技大学的教授们走在前列，一边尽力研究高科技，一边为高科技"开课"。《十万个高科技为什么》由此而生。

　　大学是科学研究的重要场所，也是知识创新的始发地与聚集地，天然具有科学传播的职责和优势，创建于中国高等教育改革发展背景下的南方科技大学尤其如此。南方科技大学的发展愿景是建成以理、工、医为主，兼具商科和特色人文社会学科的世界一流研究型大学，成为引领社会发展的思想库和新知识、新技术的源泉。目前，学校已初步构建了理学院、工学院、医学院、生命与健康学院、商学院、人文社会科学学院和创新创业学院的办学框架，形成了"数理化天地生"的基础学系，以及一批以材料、电子、计算机、航空、环境、海洋为代表的科学与工程应用交叉学系。学校还建立了深圳首个以诺贝尔奖得主命名的研究院——格拉布斯研究院，成立了前沿交叉研究院、量子科学与工程研究院、深圳市第三代半导体研究院、材料基因组研究院、人工智能研究院等，同时布局了较高水平的冷冻电镜实验室，在大数据、人工智能、海洋工程、能源环境、生物医学、医疗新材料等高科技领域，不断创造新技术成果。

　　地处高科技前沿城市的南方科技大学，带着深圳创新基因，不仅"创知""创新"，而且"创业"，聚焦社会发展实际需求，努力促使科技知识转化为现实的生产力，并通过各种形式普及和传播科技知识，力求在"高冷"的高科技知识和普罗大众的日常学习之间架起桥梁。南方科技大学的"教授科普团"活跃于市民文化大讲堂和全国的大中小学，科技考古、科技伦理、科学传播成为学校"新文科"发展的重要方向。此外，学校正积极筹建面向未来的科技博物馆，创办弘扬科学文化的学术刊物……出版《十万个高科技为什么》，正是学校大力推广科技文化的重要举措。

如今，文化引领已成为除人才培养、科技创新、社会服务之外，现代大学的主要职能之一。中国科学院院士、南方科技大学校长陈十一认为，南方科技大学应聚焦需求，服务创新型国家，服务深圳的现代化、国际化。南方科技大学教授会、宣传与公共关系部联合发起编撰的《十万个高科技为什么》，由一批走在科技前沿的教授主笔，以最新的科研成果为基础，面向当代科技发展前沿，试图为广大学生、科技爱好者提供一个平台来认识高科技、了解高科技，传播科技文化知识，促进科技创新，为我国建设科技强国尽绵薄之力。这也正是南方科技大学履行大学社会职能的重要体现。

特别令人高兴的是，《十万个高科技为什么》也是南方科技大学师生通力协作的成果。老师们提出选题方向，学生们参与资料收集，学生社团还为本书专门绘制了精美的图片。教授们撰写的初稿首先在学生中征求意见、听取反馈。这一教学相长、师生互动的过程，本身就体现了一种科学精神和现代传播理念，值得大力弘扬。

我们衷心期待，随着时代发展和科技进步，通过对内容和传播方式的不断创新，《十万个高科技为什么》能够打造成为传播科学精神、推广科技文化的一个品牌。

李凤亮

（南方科技大学党委副书记、讲席教授）

2020年8月于深圳

目　录

量子基石 篇
Quantum Cornerstone

什么是量子　002

上帝掷骰子吗　007

量子比特的载体是什么　011

我们距离量子计算机还有多远　017

用量子计算机打游戏效果超棒是真的吗　021

电子与信息 篇
Electronics and Information

什么是边缘计算　024

大数据有多大　029

机器也能进化吗　032

计算机能自己写程序吗　035

人工智能如何赋能医疗　038

智慧城市如何运作　043

视觉3D感知技术如何让机器"看"懂世界　046

光纤是怎样传输信息的　051

人们怎样利用光纤感知环境　055

为什么可以用液晶做显示器　059

材料与化学 篇
Materials and Chemistry

科学家们是怎样研究材料的　066

新时代的材料科学怎么发展　069

什么材料能送人们去太空旅行　075

光子晶体如何产生五彩斑斓的颜色　080

聚集诱导发光材料神奇在哪里　085

隐身衣是用什么做的　092

手性的本质是什么　098

自由基如何推动手性研究　103

DNA如何从生命密码发展为智慧材料　107

神奇的液晶智能窗是怎么造出来的　112

锂离子电池是什么　117

氢燃料电池是什么　122

生命与科技 篇
Life and Technology

大脑是如何计算的　126

角膜的奥秘是什么　131

古有"神农尝百草"，今天呢　136

耳朵能"看"见声音吗　141

冷冻电镜如何解读生命密码　145

合成生物学为什么这么火　151

地球与环境 篇
Earth and Environment

什么是水足迹　158

纯天然产品真的是最好的吗　163

为什么稻米里会有砷污染　167

怎样才能让重金属污染物"宅"在家　173

什么是土壤里的营养小金库　177

荷叶为什么能出淤泥而不染　182

地下的石油和矿产资源是怎么找到的（上）　186

地下的石油和矿产资源是怎么找到的（下）　190

卫星为什么能"看见"大气污染　194

海沟碳循环有什么意义　198

物理海洋学研究些什么　203

为什么流感和冠状病毒可能通过气溶胶传播　208

参考文献　212

量子基石篇

Quantum Cornerstone

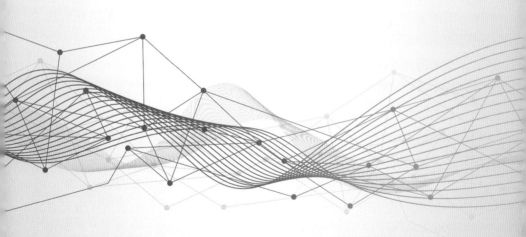

什么是量子

翁文康

18世纪末，物理学获得空前成功，牛顿力学、电磁学和热力学等传统物理学科都已经非常成熟。科学家们认为物理学大厦已经建好，基础物理问题不值得深入研究了。然而，在一个物理学会议上，开尔文勋爵（Lord Kelvin）提出，在物理学的万里晴空中，依然有两朵小乌云，还有两个"小问题"没有被完美解决。

一朵乌云是"以太"问题，这个问题直接导致相对论的创立；另外一朵乌云是"黑体辐射"问题，它成为量子力学的起点。

当时，根据经典的电磁学和热力学理论，物理学家推导出一个公式，试图去解释黑体辐射的实验结果。但是，根据这个公式，预测出的短波辐射能量为无限大，与实验结果完全不符。为了解决这个难题，马克斯·普朗克（Max Planck）脑洞大开，提出黑体里面原子发出来的光并不连续，而是离散的，每一个粒子都有最小的能量单位。这个新模式可以有效地描述黑体辐射的几乎所有实验数据，在物理学界引起了轰动。

后来，物理学家用"量子"（quantum）一词，来表达微观世界能量非连续的这个特征。量子世界的神秘面纱被普朗克揭开了一角，同时也激起了一众物理学家的好奇心。在接下来的数十年间，普朗克、埃尔温·薛定谔（Erwin Schrödinger）和维尔纳·海森堡（Werner Heisenberg）等诸多伟大的物理学家，展开想象力，用严谨的工作态度共同构筑起量子力学这座大厦。

量子力学触及微观世界，其性质和宏观世界大相径庭，这导致其存在众多"鬼魅"特性而饱受科学家的质疑。可是在过去几十年中，量子力学经受住了无数实验的考验。物理学家逐渐认识到，微观世界和宏观世界确实不一样，我们所习惯的宏观世界限制了我们对微观世界的想象力。

下面，我们先简略地介绍几个概念，一同感受量子力学的不可思议之处。

第一个概念是"量子叠加"。想象我们前面有一面高墙，上面有左右两道门，选择其中任意一道门都可以通过这面墙（图1-1）。在宏观世界，任何人要穿过这面墙，都只能挑其中一道门。然而，在量子微观世界，这个人的运动规则会发生翻天覆地的改变。

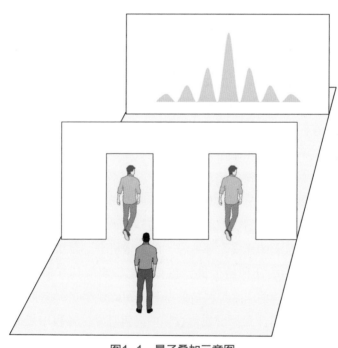

图1-1　量子叠加示意图

在量子微观世界，这个人好像能分身一样，用标准的量子力学语言来描述，就是这个人可以"同时"经过两道门通过这面墙。这种量子现象非常奇特，用经典的牛顿力学根本无法解释，就连量子力学奠基人之一的伟大物理学家薛定谔也百思不得其解。后来，他想象出一个实验，叫作"薛定谔的猫"，指出在量子状态下，一只猫可以同时处于生和死的叠加态[1]。这个看似矛盾的结果，却成为量子计算机的工作原理。

第二个概念是"量子纠缠"。"量子纠缠"指的是不同物体之间的一种关联，想要说清楚它，我们至少得考虑两个物体。假设，将前文提及的"一个人通过两道门"的实验复制一套，成为有两面墙、四道门和两个人的体系。量子力学中有一种特殊情况，两个人通过墙的方式存在一种奇妙的关联。此时，单独观察其中一个人通过哪道门的结果是随机的，但是对第一个人的观察结果却可以决定第二个人的通过方式！哪怕这两个人离得非常远，远到第一个人决定好了自己从哪道门通过之后，立即用光速告诉第二个人进行串通都办不到。这种奇妙的关联被海森堡命名为纠缠（entanglement）[2]。

说到"鬼魅"，不能不提第三个要介绍的海森堡不确定原理[3]。在经典力学中，所有的物理量都有确定的数值，例如，一辆车开过，我们可以确切地得知它这一时刻的位置和速度。但在量子世界，事情就不一样了。量子力学用波函数来描述微观粒子的状态，而我们必须要测量才能得到物理量的数值。海森堡发现，当我们对微观粒子进行测量时，有一些物理量是不能同时被完全确定的。如果我们知道了粒子精确的位置，就将没办法得知它的速度。相反，如果我们确切地知道了粒子的速度，那么粒子的位置将不得而知。

以上所介绍的几种量子世界独有的奇特现象具有重要的实际意义，它们组成了一些未来黑科技的基石，在此仅举三例说明。

量子保密通信。在保密通信过程中，信息发送者利用某种方法对自己的信息进行加密，信息接收者如果知道了加密方法，就可以对收到的信息进行解密。加密就像给发送的信息上了一把锁，而加密方法就是可以解开这把锁的钥匙，因此加密方法被称为"密钥"。为了实现保密通信，我们必须将同一密钥分发给通信双方。但是经典密钥分配是有可能被窃听的，从而造成泄密。如果我们利用量子系统的一些特性，例如量子纠缠和量子状态不可克隆等，理论上可以杜绝被窃听的可能，实现绝对安全的保密通信（图1-2）。

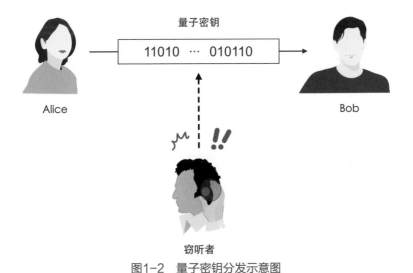

图1-2 量子密钥分发示意图

量子隐态传输。想象一下我们将一个物体于A点摧毁从而获取其全部信息，然后在遥远的B点用这些信息重构出这个物体（图1-3）。量子力学告诉我们，这种类似于"瞬间移动"的非常科幻的过程，是可以办到的，它被称为"隐态传输"，是量子纠缠的重要应用之一。虽然听起来很有未来感，但现在科学家们已经可以对最简单的微观量子态进行隐态传输了，将来会不会实现对宏观物体的隐态传输呢？让我们把问题留给时间来回答吧。

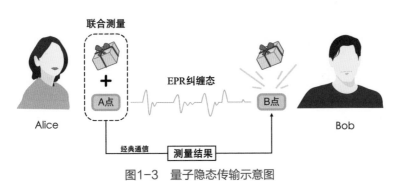

图1-3 量子隐态传输示意图

量子计算。量子计算机是基于量子力学原理提出的一套与传统方式完全不同的计算机体系。很多传统计算机一亿年都解决不了的问题，对于量子计算机来说则易如反掌。最著名的便是彼得·休尔（Peter Shor）的质因数分解算法，它能够快速地将一个大数分解成两个质数的乘积。如果它得以实现，那么世界上绝大部分的密码将被轻易破译。正是因为量子计算的这种高效性，量子计算机研发的竞争正在世界范围内激烈地进行着，中国科学家已走在前列。

论应用之广、影响之深，量子力学绝对是现代物理学史上极其重要的理论之一。但同时，量子力学本身又有太多谜团需要破解，让人又爱又恨。也许，这就是量子力学迷人的地方吧。

翁文康，南方科技大学物理系副教授，伊利诺伊大学博士。2009—2013年在哈佛大学从事博士后研究，2013年9月回国后先后在清华大学、南方科技大学任职。主要从事量子算法的设计和量子模拟的研究。

上帝掷骰子吗

鲁大为

　　"上帝掷骰子吗？"这个问题直击整个量子力学理论框架的核心。

　　时至今日，即使一个对"量子力学"这一概念很陌生的年轻人，都或多或少对这句话，甚至对20世纪那场旷日持久的世纪论战有所了解。在当时，那场论战就是整个物理学界最大的谈资，论战双方的领袖——阿尔伯特·爱因斯坦（Albert Einstein）和尼尔斯·玻尔（Niels Bohr），就是当仁不让的"流量明星"。

　　为了深入理解这个问题，我们先简略回顾一下量子力学早期的发展历史。1900年，为了解决黑体辐射疑难，德国物理学家普朗克提出了"能量子"模型。该模型通过把能量离散化，从理论上成功拟合出实验黑体辐射曲线。彼时，爱因斯坦21岁，刚从大学毕业；玻尔才15岁，可能还在中学学习。27年后，在索尔维会议上，两人分别成为物理经典派"气宗"和量子派"剑宗"的领袖人物，他们带领众多才华横溢的物理学家，开展最高规格的学术版"华山论剑"——第五届索尔维会议。

　　1927年举行的第五届索尔维会议，主题是新兴的量子力学。29名与会者中有17人获得了诺贝尔奖（图1-4）。值得一提的是，直到今天，索尔维会议还一直在举办，可见其影响力之大。

　　论战之前，爱因斯坦在1905年提出"光量子"假说，该假说通过把"本应该是一种电磁波"的光想象成一个个小的光微粒，成功解释了光电效应。玻尔在1913年提出了量子化的原子结构，用一种"半经典半量子"的混合模型成功解释了氢原子的能级结构和光谱。该模型脱胎于太阳系中的行星运动轨道（即"半经典"），但加入了普朗克的能量离散化假设（即"半量子"）。

图1-4　1927年举行的索尔维会议参会者合影

　　基于氢原子模型的贡献，玻尔获得了诺贝尔奖。但是，笔者认为玻尔更伟大的贡献在于其对年轻人的鼓励和培养。作为丹麦人，玻尔很快回到哥本哈根建立了研究所，主要研究量子力学。随后，他身边很快就聚集了一批特立独行、不惧权贵的年轻人，诸如马克思·玻恩（Max Born）、海森堡、沃尔夫冈·泡利（Wolfgang Pauli）等。自由的学术氛围是人类进步的核心要素，他们的思想碰撞很快擦出激烈的火花，共同创立了"哥本哈根学派"。

　　哥本哈根学派在创立之初就开始从哲学层面上思考量子问题。光和电子，它们时而像波、时而像粒子的"波粒二象性"到底意味着什么？其本源是什么？为什么我们每次只能看到它是波或者粒子的"一面"？最终，借助"拉斯维加斯之光""酒吧神器""大富翁之魂"——骰子，量子力学的"哥本哈根诠释"浮出水面。

　　骰子，代表一种不确定性。人们每次掷骰子，结果都是随机的，这和最讲究精密与确定性的物理学理应格格不入。可是，哥本哈根学派却偏偏对世界大声宣布，世间万物其实是由一个个骰子组成的！

　　哥本哈根学派的说法是什么意思呢？电影《变形金刚》中的"大黄蜂"拥有机器人和小黄车两种形态。每次女主角不去"看"它（物理学上，我们喜欢把"看"叫作"测量"）的时候，它可能处于两种形态中的一种。但女主角一旦回头"测量"了，就确定了大黄蜂此时到底是机器人还是小黄车。有时刚转过头一秒钟，再回头去"测量"的时候大黄蜂就变换了形态。哥本哈根学派提出的量子力学的"骰子假说"，学名叫"概率诠释"，就是类似的思想。

哥本哈根学派的核心观点就是"概率诠释"和"测量塌缩"。一个量子尺度的物体，它当前的状态其实是几种可能状态的"概率叠加"。在未被测量之前，我们完全无法预测物体真正的状态，这是一种真真正正的随机性；一旦启动了测量，物体就会"塌缩"成一种可能状态，仿佛它一直就是那种状态一样；如果你想得到其他的可能状态，就需要复制、粘贴一大堆相同的物体，并对每一个物体分别进行测量，再通过统计得出这几种可能状态的概率。

虽然该思想类似于"骰子实验"，但量子力学更纯粹。骰子的随机性其实是伪随机，出千高手完全可以掌控掷骰子的结果。量子力学则不同，这种随机性是真随机，没有"老千"可以控制。

我们还可以举出好多现实中哥本哈根诠释"反直觉"的例子。比如，月亮到底在不在天上呢？在你回头"测量"之前，它可能在天上也可能不在天上。一旦回头"测量"，它就安静地挂在那里，也可能消失不见。根据哥本哈根诠释，月亮消失虽然是一种可能状态，但它发生的概率极小，我们一生几乎无缘碰见。

但回到微观的量子世界，情况就完全不同了。以上这些在现实中荒谬至极的事，都可能在量子世界中出现。爱因斯坦、薛定谔、路易·德布罗意（Louis De Broglie）等组成的小团体就对这种量子力学的诠释方式非常不满，他们认为这已经触及了人类最基本的哲学思想之一的实在论。难道一个物体在不在那里，或者是不是某种状态不应该是一开始就决定好，或者说完全"实在"的吗？它怎么可能会是由观测者所决定的？即使放在"云雾缭绕"的量子世界，这种说法也是荒谬的。于是，论战拉开了序幕，以爱因斯坦为首的经典派对哥本哈根学派发起了猛烈的攻击，这其中无时无刻不在闪耀着智慧甚至可以说是艺术的火花。比如下面这段最经典的对话：

爱因斯坦：玻尔，上帝不掷骰子！

玻尔：老爱，请不要告诉上帝应该怎么做！

鲁大为，南方科技大学物理系助理教授，中国科学技术大学少年班学院学士，中国科学技术大学博士。曾在加拿大滑铁卢大学量子计算研究所做博士后研究。研究领域包括基于自旋磁共振体系的量子信息处理和相干控制，高量子比特系统的发展、表征和操控，量子模拟、量子纠缠和量子态重构。

量子比特的载体是什么

黄培豪

19世纪中叶，迈克尔·法拉第（Michael Farada）和詹姆斯·麦克斯韦（James Maxwell）等人建立了电磁学理论，推动了以电气化为标志的第二次工业革命。19世纪末，人们在生活中已经广泛运用电气设备，例如白炽灯等。白炽灯的基本原理很简单，即电流通过灯丝时，灯丝会发热，当灯丝的温度升高到几千摄氏度时开始发光。然而，看似普通的白炽灯，人们对其发光光谱（即黑体辐射光谱）的解释却异常困难。

1900年，普朗克（1918年诺贝尔物理学奖获得者）提出光的能量是基本能量单元的整数倍，其中能量单元即量子，从而完美拟合了黑体辐射光谱（图1-5）。因为能量的不连续性和已知的电磁学理论不一致，普朗克为自己提出的量子概念感到困扰。1905年，爱因斯坦（1921年诺贝尔物理学奖获得者）利用光量子解释了光电效应，再次让人们认识到量子的威力。

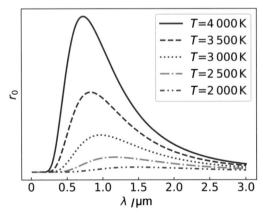

图1-5　不同温度下的黑体辐射光谱

普朗克和爱因斯坦两位巨匠开启了量子物理的时代。此后，玻尔、德布罗意、海森堡、薛定谔、保罗·狄拉克（Paul Dirac）、泡利等人共同建立了量子力学，这些先驱者也因为他们的贡献而先后获得了诺贝尔物理学奖。

量子力学的建立推进了人们对世界的认识，特别是加深了人们对物质结构的认识。人们利用量子力学成功地制造出了晶体管和激光[4, 5]。晶体管和激光的发明推动了第三次工业革命，实现了工业生产的信息化。现在人类利用晶体管来制造电脑、智能手机等设备，并利用激光在光纤中的传播来传递网页、视频、语音等信息。其实，人们早已在日常生活中不知不觉地运用着量子力学，享受着量子力学带来的福祉。

随着量子力学在生产实践中的不断运用，人们对物质的控制及测量的精密程度也在不断提升。例如，物理学家大卫·维因兰德（David Wineland）和塞尔日·阿罗什（Serge Haroche）分别实现了对单个离子和单个光子的测量与调控，因此获得了2012年诺贝尔物理学奖[6]。崭新的精密操控物质的能力能否带来其他可能性呢？答案是：能。通过对单个光量子、单个原子、单个离子或单个电子的精密操控，人们可以利用量子力学的基本原理，即量子叠加原理，来进行发明和创造［图1-6（a）］。

量子叠加原理常导致怪异的量子力学现象，这种现象常常是违反直觉的。最著名的例子就是一项脑洞大开的思想实验——薛定谔的猫。在这个思想实验中，薛定谔的猫可处于既死又活的状态，我们称这种状态为量子叠加状态［图1-6（b）］。另一个著名的例子是爱因斯坦等人提出的量子纠缠态，该状态使得两个粒子存在一种超距关联，被称为鬼魅般的超距作用（spooky action at adistance）。后来的一系列实验证明，科学家提出的量子叠加和量子纠缠竟然是真实存在的！

（a） （b）

图1-6 量子叠加

（a）人类操控单个量子态的示意图；（b）薛定谔的猫的示意图

量子力学的叠加原理意味着叠加在一起的每个量子态可以同时保存不同的数据信息，这就可以在有限的存储单元中存储海量信息。更有意思的是，这些叠加态里的信息可以同时参与运算，极大地提高了运算的速度。这样的性质带来了崭新的可能性，或许我们可以建造一种全新的计算机，即量子计算机[7]。对于某些重要问题的求解，例如搜索、优化、质因数分解、特定线性方程的求解等，量子计算机将具有传统电子计算机所无法比拟的优势[8]。

量子比特，顾名思义，应当是一种基本的信息单元，相对于传统计算机来说，量子比特就是量子计算机的基本信息单元。那么，量子比特的载体是什么，怎样才能制造出量子比特呢？其实，量子比特的载体可以是任何包含两个量子态的物理系统。目前，人们正在尝试以不同的物理系统为载体实现量子比特。例如，量子比特的载体可以是半导体量子点、超导电路、离子阱、半导体掺杂原子、NV中心、单光子以及拓扑量子态等。目前，这些方案各有优缺点，适合分别用于量子计算、量子存储、量子缓存或量子信息传递等不同任务。下面我们通过两个例子来认识一下量子比特的载体。

量子比特的载体之一是半导体量子点中的电子自旋[9]。这里，我们讨论的量子点，是使用物理方法制造的门控半导体量子点，其中门电极（也称为栅极）上的电压被用来囚禁电子，该量子点便于电学控制，且与半导体制造工艺兼容。门控半导体量子点的结构和晶体管类似。传统的晶体管基于金属氧化物半导体场效应管（metal oxide semiconductor field effect transistor，MOSFET）。在MOSFET中，门电极的作用是打开或者关闭电流通道，就像水闸可以控制水流一样，从而实现经典信息0和1的变化（图1-7）。类似地，在氧化物表面放置多个门电极，门电极上的电压可使电子被围在中间，就像一个凹坑（图1-8），这个凹坑就被称为门控半导体量子点。

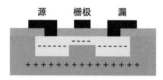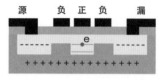

图1-7　导通状态下的晶体管示意图　　　图1-8　门控半导体量子点示意图

随着半导体制造工艺的发展，凹坑（即门控半导体量子点）可以被制造得很小（人类头发丝直径的万分之一），小到能够像原子一样表现出量子力学性质，人们把它称为人造原子。由于半导体的特性，人们可以通过改变门电极的电压，方便地改变凹坑的高低和大小，这样就能调整凹坑中的电子数，并在门控半导体量子点中设法囚禁单个电子。由于单个电子的自旋恰好包含平行或反平行于外磁场这两种量子态，当每个门控半导体量子点中只囚禁单个电子时，这个电子的自旋态就成为一个量子比特，简称自旋量子比特。自旋量子比特和其他载体相比最大的优点是相干时间长并且与半导体工艺兼容。

另一种实现量子比特的载体是超导电路[10]。1911年，海克·昂内斯（Heike Onnes，1913年诺贝尔物理学奖获得者）发现，当利用液氦令汞降温至4.15 K时，汞的电阻竟忽然降至零，这种低温情况下电阻突然消失的情况被称为超导电性。1957年，约翰·巴丁（John Bardeen，1956年和1972年诺贝尔物理学奖获得者）等人提出了超导电性的微观理论，成功地为低温超导电性找到了一种合理的解释。1972年，巴丁因为这项贡献，再次获得了诺贝尔物理学奖（第一次是晶体管的发明）。超导电性的微观理论认为超导体中的电子之间配对形成了电子对（称为库珀对），电子对之间保持特定的相位关系，使得超导体表现出宏观量子特性。1962年，布莱恩·约瑟夫森（Brian Josephson，1973年诺贝尔物理学奖获得者）计算了超导结的隧道效应并预言了约瑟夫森效应：假如两个超导体之间的绝缘层足够薄，则电子对能够穿过超导结形成超导电流，而在超导结上却并不出现电压；如果在超导结上加上直流电压，则可以产生高频超导电流。约瑟夫森效应现在被用于精密测量以及制定电压标准等。省去一些复杂的物理细节，我们可以简单地认为包含约瑟夫森结的超导电路是一种人工原子，而约瑟夫森结是超导电路中的非线性元件，可调节人工原子的量子态的能量间距（图1-9）[11]。超导电路作为人工原子，其中任意两个量子态可作为一个量子比特。以超导电路为载体的优点在于，量子比特的尺寸较大，便于制造，而且宏观量子现象使得量子比特能够保持较好的相干性。

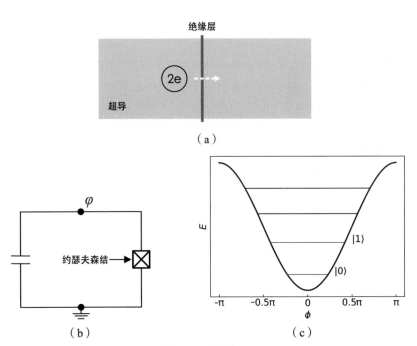

图1-9 能量间距

（a）约瑟夫森结；（b）约瑟夫森结超导电路；（c）约瑟夫森结能量状态

除了以上介绍的半导体量子点中的电子自旋和超导电路外，量子比特还有其他不同的实现方式，例如，离子阱中单个离子的超精细能级、半导体中掺杂原子的电子自旋、NV中心的自旋、单光子的偏振、拓扑量子态等[12]。目前，全球各大高校、研究所与公司都纷纷投向各种不同量子比特载体的研究，都希望最先找到最合适的载体，来实现量子比特系统的制备、测量和控制，进而实现量子计算。量子计算领域进入了一个百花齐放、群雄争霸的时代。

当然，要将通用量子计算变成现实还有许许多多的难题需要解决。其中一个主要难题是怎样降低噪声的影响。噪声将破坏量子比特中存储的信息，从而降低量子操控的精度。为了实现容错量子计算，理论上量子操控精度至少要达到99.99%以上[8]。然而，目前的实验手段和理论方案还达不到如此高的要求。因此，还需要科学家在未来解决这些问题并最终实现量子计算，进而帮助人类迎接更大的挑战。

黄培豪，南方科技大学深圳量子科学与工程研究院研究助理教授，上海交通大学博士。曾于美国布法罗大学、加州州立大学、马里兰大学和美国国家标准学会做博士后研究。研究领域为固态量子计算、量子控制、量子模拟等。

我们距离量子计算机还有多远

辛涛

最近，我们经常见到这样的新闻标题："重磅！世界首台光量子计算机在中国诞生""IBM公司发布全球首台独立量子计算机"，以及"D-Wave研发出2000量子比特量子计算机"等。从字面上看，好像量子计算机已经制造出来，并走进了我们的日常生活，实际情况如何呢？

其实量子计算机的研制目前还在初级阶段，只不过一些媒体对此进行了润色，甚至夸大。科学地讲，这些新闻确实反映出该领域正在陆续取得一系列的突破性研究成果。例如，前段时间新闻报道"重磅！世界首台光量子计算机在中国诞生"。这是我国著名科学家潘建伟、陆朝阳等人完成的一项科研成果。他们基于光学平台（图1-10），针对多光子"玻色采样"这一特殊任务（一定数目的光子经过一定分束器后，对其产生的希尔伯特空间分布进行采样）而制造出首台光量子计算机。其计算能力超越了经典计算机，包括世界上第一台电子管计算机和世界上第一台晶体管计算机等，而不包括目前的个人电脑。

因此，目前实际的量子计算机和大家心目中的模型还有很大差距。不过这确实是该领域一些重要的研究进展，是无数科研工作者努力的结果。

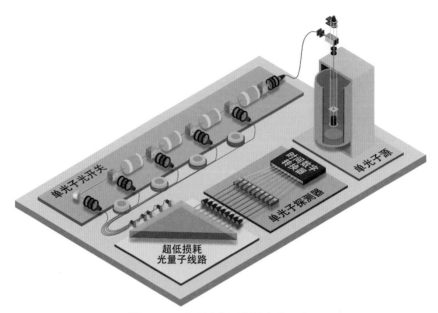

单光子光开关

单光子源

时间数字转换器

单光子探测器

超低损耗
光量子线路

图1-10 实现玻色采样的光学平台

量子计算机什么时候才能出现？

每个人给出的答案是不一样的，这主要取决于对量子计算机的定义。在大家心目中，量子计算机的最大特征应该就是一个字"快"，能够迅速完成我们输入的任何任务，而且其速度可以"秒杀"任何经典计算机，跑程序和打游戏再也不卡顿了。而专业定义是，在具有量子特性的物理系统上，基于量子力学理论，通过运行具有加速性质的量子算法来执行目标任务的仪器，叫作通用型量子计算机（universal quantum computer）。换言之，通用型量子计算机的工作形态就像目前的经典计算机一样，只是它内部的处理器是基于量子比特来运算的。这是该领域无数科研工作者心目中的殿堂，也是量子计算领域的终极目标。

可以说，我们距离这样的目标还十分遥远，可能需要50年，甚至好几代人才能完成，因为实现这样的目标十分具有挑战性。其中主要的难度在于：

其一，既有质量又有数量的量子比特。近期你可能经常会听到

"谷歌发布72个量子比特处理器" "Intel 发布49个量子比特芯片" 这样由数字堆砌起来的新闻，但是研制量子计算机不是一味地追求量子比特数目的增加，而是需要这些量子比特有质量的存在，例如每个比特能够被单独寻址，比特之间应该具有一定的相互作用，能够被纠缠起来，且比特具有很高的操作精度，在这样的情况下再谈论量子比特的数量才有意义。

其二，能够有效解决问题的量子算法。量子计算机只是提供了硬件支撑，并不是所有的问题都能在量子计算机上得到有效解决，还需要合适的量子算法才行，比如著名的Grover搜索算法以及Shor大数分解算法。

其三，量子操作精度达到容错条件。就像经典计算机一样，量子计算机在运行过程中，由于硬件噪声等因素会导致计算结果出现错误，一个解决思路就是采用量子纠错（quantum error correction），将许多物理量子比特编码成一个逻辑量子比特，但是要真正做到这一点可能需要成千上万个物理比特。

量子计算机并不是我们想象的那么简单，科学家采用分阶段发展策略：

首先，厘定要研究的问题（研究这些问题也许并不能带来实质性的应用）。量子计算机比经典计算机要快，这个目标可以说目前已经实现了，比如前面介绍的光量子计算机，它在玻色采样任务上就比早期的经典计算机要快。

其次，发展专用型量子计算机。顾名思义，专用型量子计算机是只能解决特定问题的专用量子计算机，比如用于化学模拟的专用量子模拟器，可以在有限时间内比经典计算机更加精确地模拟分子特性以及化学反应等，这将加速新型药物、新型能源材料的研发。

最后，才是终极目标——可编程的通用型量子计算机。

言外之意，虽然可编程的通用型量子计算机是我们的终极目标，但是只要我们研制的量子计算仪器能够有效解决一些特定的问题，并且处理速度和运行结果都比当时的经典计算机快，就可以说一定程度上成功研制了（专用）量子计算机。目前，全世界的科学家都以这个实际目的为导向，争先恐后地摘取量子计算的第一颗果实，其投入也是惊人的：

2014年英国发布量子科技发展蓝图计划；

2016年欧盟启动量子计算国家战略计划；

2017年量子信息纳入中国"十三五"国家基础研究规划；

2017年中国成立北京量子信息科学研究院和深圳量子科学与工程研究院等基础研究机构；

2017年阿里巴巴、华为、百度和腾讯开始布局量子计算；

2018年美国签署《国家量子计划法案》并启动13亿美元量子行动计划；

谷歌（Google）、IBM、微软（Microsoft）等巨头公司长期研究量子计算；

…………

总之，现在量子计算还处于早期的萌芽阶段，离我们理想中的量子计算机（通用型）还有很遥远的距离。但是我们相信，在全世界科学家的大力推动下，5~10年内将有可能实现专用型量子计算机的成功研制。

辛涛，南方科技大学深圳量子科学与工程研究院助理研究员，清华大学物理系理学博士，加拿大滑铁卢大学量子计算中心访问学者。长期从事自旋量子计算与量子模拟，致力于研究参数化线路及张量网络在量子层析和量子机器学习等方面的应用。

用量子计算机打游戏效果超棒是真的吗

汪福东

近年来，量子计算机作为一项"黑科技"成功吸引了公众的注意。那么，量子计算机会不会直接影响我们普通人的日常生活呢？电脑游戏在生活中扮演着越来越重要的角色，会在多大程度上受到量子技术的影响呢？

电脑游戏的趣味性不仅仅依赖于美术、音乐、剧本、游戏策略等涉及人的智慧的部分，还十分依赖计算机的计算能力。量子技术对于后者有多大提升呢？

要想体验用量子计算机玩游戏的感觉，就要先了解以下几个小问题：量子计算机的计算原理是什么？在什么问题上量子计算机更有计算优势？常见的游戏程序在何种类型的计算中耗费的计算资源最多？

比特是计算机的基本单元，经典计算机中的比特体系有且仅有两个可能的状态，例如芯片中某个三极管是否导通。量子比特可由电子的自旋、光子的偏正、原子和离子的能级，以及超导电路的能级等实现。由于量子系统满足量子叠加原理，量子比特可以同时处于两个状态（$|0\rangle$，$|1\rangle$）的叠加状态。因此，整个量子比特可以表示为 $|\psi\rangle = \alpha|0\rangle + \beta|1\rangle$，其中 α，β 是复数，并且满足 $|\alpha|^2 + |\beta|^2 = 1$。与经典比特相比，量子比特还有另外一处不同，即其中多个量子比特之间可以产生量子纠缠，使得量子比特之间有更高的关联性。量子纠缠使得对比特A做操作的时候，比特B也会受到影响。

由于量子比特具有以上那些特殊性质，量子计算机与经典计算机相比便有明显不同。前者到底有哪些优势？有多大优势？这些问题吸引了物理学、数学和计算机科学等多领域科学家的兴趣。目前，科学家已经取得了非常多的研究结果，并发展出很多量子算法，例如休尔算法和Grover算法等。休尔算法由休尔于1994年提出，主要利用量子傅立叶变换对整数的因数分解进行加速[13]。Grover算法则由洛夫·格罗弗（Lov Grover）于1996年提出，可以实现对数据库的快速搜索[14]。

在常见的游戏中，一般都会涉及数据库搜索和图形渲染来模拟物理世界的光线照明，这需要大量的计算资源。根据研究，图形渲染问题可以通过数学变换转化为搜索问题。由于量子计算机可以对搜索加速，因此利用量子计算机就可以对这些计算过程加速。

在实际应用中，需要将经典的计算和量子计算结合起来。这一过程会消耗一些额外的计算资源，从而带来一些不利影响，所以能否利用量子计算机对游戏加速还需深入研究。就目前情形来看，建造和使用量子计算机的成本非常高，所以用量子计算机玩游戏还是一个十分奢侈的想法。不过，设计一个用量子计算机玩的游戏未尝不可。例如，1961年，麻省理工学院的科学家在计算机Pdp-1安装完成之前就已经在想着如何设计一个游戏（*Spacewar*）了。现在也有一些"疯狂的人"开始想着设计量子游戏了。

如果你对游戏感兴趣，也对量子计算感兴趣，请打开"脑洞"加入"量子游戏"的项目吧！

汪福东，南方科技大学深圳量子科学与工程研究院助理研究员，香港中文大学物理学博士。曾于多伦多大学从事博士后研究。研究领域包括基于超冷原子和超冷分子的量子模拟与超精细测量、光力学、基于稀土离子系统的量子存储。

电子与信息篇

Electronics and Information

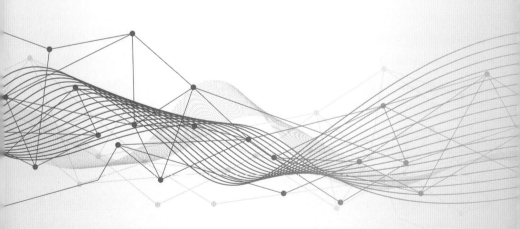

什么是边缘计算

冯自强　唐博

　　近年来，边缘计算（edge computing）越来越多地在学术界、工业界乃至大众媒体中被提及。谷歌数据显示，在2014—2019年间，边缘计算的搜索热度增长超过10倍。2015年，卡内基梅隆大学的研究员们联合沃达丰（Vodafone）、英特尔（Intel）和华为三家公司开始了边缘计算启动项目（open edge computing initiative，OEC）。随后，威瑞森（Verizon）、德国电信（Deutsche Telekom）和诺基亚（Nokia）等众多著名公司纷纷参与边缘计算的研究。与此同时，传统云计算服务提供商（如亚马逊和微软）也不甘示弱，陆续推出了面向边缘计算的产品，大有取代云计算之势。

　　边缘计算到底是何方神圣？

　　在今天的网络体系中，占主导地位的是少数拥有超强计算能力、超大存储量和超高内部带宽的云计算中心（云计算中心一般包含云计算数据中心、云计算集群、云平台运维等）。这些庞大的数据中心成为绝大部分数据（文字、图片、视频、传感器数据等）的最终存储地。通过高速可靠的有线网络基本建设，云计算中心经过骨干网、广域网、局域网，逐级向外延展到我们桌面上的一台台个人电脑。边缘是一个与中心相对应的概念，这就意味着边缘计算离用户越来越近。

　　目前，大家对边缘计算的准确定义还有所争论，但对边缘的定义还是一致的，边缘是指整个网络基建的边界，有时候还包括通用外接移动设备。基于边缘的定义，边缘计算就是将对数据的处理功能部署在边缘设备上，进而为移动终端提供服务。这些边缘设备可以有多种物理形式，如个人电脑、智能家居控制器、办公室里的小型服务器

（图2-1），以及未来可能出现的无人驾驶车载电脑、内置通用计算能力的移动通信基站和智能摄像机等。边缘计算（或称边缘节点）还有一些五花八门的别称，比如微云（cloudlet）、微数据中心（micro data center）、雾计算（fog computing）、雾节点（fog node）等。总之，给用户一种云雾迷蒙的感觉。确实，相对于较少的云计算中心，边缘设备的数量庞大。

图2-1　Canonical推出的小型服务器

边缘计算的特点是低时延、高带宽。由于靠近用户端，边缘计算与移动设备之间具有低时延和高带宽连接的特征。边缘计算拉近了云计算服务与我们的距离。"云"在天上，离我们很远。"雾"环绕周围，触手可及。

与物理世界的"近"不同，边缘计算的"近"特指网络距离的近。假设一个办公室里的两个人通过手机网络聊天，他们之间的网络包可能会先被路由至另一个城市，在那里从运营商的网络上载到互联网，经过聊天软件的服务器，再下载回运营商的网络传输给对方。虽然两个用户之间的物理距离也许只有数米，但他们手机之间的网络距离却很远。相反地，如果铺设了专用的直连光纤，即使相隔几十千米，两个设施之间的网络距离也很近。

边缘和云的延时差别有多大？实验显示，一般用户与云计算中心的延时平均为100 ms，而边缘节点则只有5 ms[15]，未来5G技术普及后，甚至可能降低到1 ms。

通常认为，从2005年左右到今天的大数据时代，"云—移动端"是最常见的计算模式。许多手机上的应用（比如谷歌助手、苹果Siri等）都通过连接到遥远的云端为用户提供可移动的智能服务。

我们会问："为什么要这样设计？"

众所周知，移动设备一般体积小、质量轻、发热少、功耗低，无法持续地支持复杂算法的快速运行。为了解决这个问题，可以把数据先传往云计算中心，云计算中心处理完后，再传到移动设备即可。

但是，这种设计也有问题。绝大部分数据在网络边缘产生，然后由传感器收集（移动用户拍摄或输入），而云计算数据中心却在网络深处。原始数据需要多次周转和长途跋涉才能到达数据中心。这一过程不但消耗了整个网络基建中大量宝贵的带宽，还会处理大量垃圾数据，用户会感觉到明显的延时，这对于沉浸式体验用户来说常常不可接受。

而边缘计算针对性地改善了上述问题。边缘计算可尽早地过滤和抛弃无关数据，从而减少网络深处的带宽消耗。同时，边缘节点与移动用户之间的低时延也大大缩短了交互式应用的响应时间，优化了沉浸式应用的体验效果。对于游戏玩家来说，这极大地优化了游戏体验。

有了边缘计算，网络就变成"云—边缘—移动端"三层计算模式（图2-2）[16]。各层之间相互协作，同时各自拥有其他层不可替代的特性。云拥有接近无限的存储和计算能力，有高度弹性（elasticity）和可扩展性（scalability），适合数据的永久保存、数据的批量处理及神经网络的训练。移动端既是数据进入计算系统的第一站，又是将反馈呈现给用户的界面。但是，它们对于体积、功耗、散热和硬件成本都有较高要求。边缘有连接到云的可靠网络，无须担心电源和散热问题。边缘上的计算能力足够运行神经网络的推理（inference）和各种复杂的人工智能算法，并以毫秒级延时将结果传回给用户。这些相互独立又相互支持的特点，使得三层计算模式更适合当代网络发展。

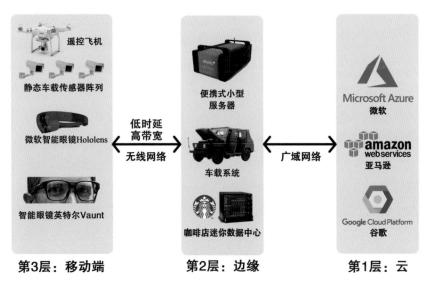

第3层：移动端　　　　　第2层：边缘　　　　　第1层：云

图2-2 "云—边缘—移动端"三层计算模式

　　在边缘节点上运行的复杂算法生成了高质量、高清晰度、高频率、高准确率的结果。由于减少了大量运算，移动设备得以延长电池的续航时间和减少发热。云计算被用来批量学习用户偏好，训练和更新人工智能模型，并将新模型推送到边缘。边缘计算所带来的低时延使这一类应用从不可能变成可能，从不可用变成可用。

　　边缘计算可应用于可穿戴认知辅助（wearable cognitive assistance）和其他一些方面。

　　让我们回想一下电影《007》里的眼镜和《钢铁侠》里的头盔。这些可穿戴设备上的传感器（摄像头、麦克风、陀螺仪等）可实时感应物理世界，见用户之所见，闻用户之所闻。在极短时间内，系统用人工智能算法处理完传感器数据后，向用户呈现反馈信息并提供行动指导。

　　边缘计算、基于神经网络的人工智能算法以及可穿戴硬件技术的发展，正在使科学幻想成为可能。可穿戴认知辅助被认为是边缘计算技术和商业模式的"杀手级应用"（killer App）。例如，阿尔茨海默病患者的智能眼镜能帮助他们识别熟人的脸，在他们耳边悄声提醒熟人的名字，从而改善他们的生活和社交质量；乒乓球初学者依照3D虚拟轨迹练习击球方向；人们在乘坐无人驾驶汽车通勤的途中使用无线VR设备玩虚拟现实游戏。

除了可穿戴认知辅助，边缘计算还可以在很多独特的环境下发挥作用。通过在边缘进行视频分析（video analytics），可以节省大量视频数据进入云的宝贵带宽。虽然单个边缘节点的计算能力和带宽与云计算数据中心比起来往往微不足道，但是边缘节点数量多，地理分散，距离数据源近，整个边缘的计算能力的总和及它们访问数据带宽的总和可以远超过云计算数据中心。包含敏感信息的传感器数据可以先在边缘上脱敏（数据去隐私化）和变形（比如模糊人脸），再传输到云，从而更好地保护隐私。当网络基建由于故障、自然灾害等原因断开连接时，边缘可以替代其提供一定质量的服务，降低广域网上的故障影响，让网络服务更稳健。

边缘计算正在改变我们的生活！

冯自强，美国卡内基梅隆大学计算机科学博士在读，师从Mahadev Satyanarayanan教授。研究领域包括分布式系统、边缘计算、移动计算、数据库和视频分析系统。曾经在微软研究院（西雅图）进行研究实习。是香港裘槎基金会（Croucher Foundation）博士奖学金获得者。

唐博，南方科技大学计算机科学与工程系助理教授，香港理工大学博士。主要研究方向为大数据分析技术与数据库系统。曾访问并做研究于微软亚洲研究院和荷兰国家数学与计算机科学研究中心。研发成果广泛应用于商业产品Microsoft Power BI和MonetDB系统中。

大数据有多大

唐博

日常生活中常常有这种现象：对于一种习以为常的现象，每个人都谈论它，但没人知道它的由来。大数据（big data）显然就属于这种情况。目前，大数据这个概念已经走入社会的各个角落。一般人都能懵懵懂懂地讨论大数据。在一般人的认知中，大数据就是数量庞大而复杂的数据集合。应用传统的数据处理方法，不能轻易厘清这些数据集合的头绪以及挖掘其中的潜在价值。

但是，这就是大数据的全部吗？大数据的特点到底是什么？

大数据的概念并不是突然蹦出来的，它也经历了一个逐渐演化的过程。大数据的主要特征可以用4个"V"来表示（图2-3）：第一个"V"是容量（volume），这就是一般人最能了解的特征，我们使用的手机容量一般以GB为单位，如64 GB、128 GB等，而大数据处理的数据可以高达十万甚至百万级别GB；第二个"V"是类型（variety），大数据所包括的数据不仅仅是单一的文本文件，同时还包括视频、音频、图片、定位信息，甚至是阿尔法狗下棋所产生的棋谱等其他类型的文件和信息；第三个"V"是速度（velocity），大数据产生和处理的速度都非常快，例如，微信1分钟内就可以产生千万条数据，只有通过大数据技术处理后，才能更好地让用户及时地收到信息；第四个"V"是真实性（veracity），我们写文章偶尔会有错别字，但是通过整体分析，这些错别字一般不会影响我们的理解，在大数据中也同样存在着不正确或者错误数据，大数据处理可去伪存真，提高准确性。

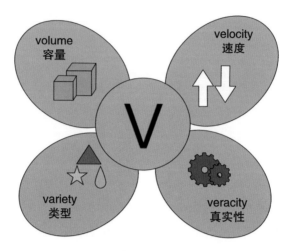

图2-3 大数据"4V"特征

可见，大数据并非只有数据量大这一层含义。面对如此复杂的大数据，我们如何使用？其中的关键就在于数据的有效收集、高效存储、简捷分析与直接应用。对于存储问题，在大数据时代，单台的计算机不可能完成存储任务。于是，人们就想到了把数据和任务先分解，然后用多台计算机平行处理，这种方法叫作分布式存储。分布式存储具有很多优点，包括高扩展、易运维、上线快、高容错等。

解决了数据存储问题，接着要对数据进行分析和计算。和存储方法类似，我们也用多台计算机同时计算。但是，我们需要精确地知道，数据到底在被哪一台计算机处理。目前，很多公司都在研究如何高效地利用集群资源，并提出了各种不同的分布式计算模式[15]。

大数据在生活中有哪些应用呢？

以城市出租车大数据为例，2019年深圳市有2万多辆电动出租车，1天客运量达到100多万人次。这个过程可产生大量数据，如出租车运行轨迹、上下客地点、车程、费用、单程运营时间等。通过对城市出租车的轨迹数据、交易数据进行收集和存储处理，可以深入挖掘数据背后代表的城市运行状态。例如，通过实时大数据可视化技术，交管部门可以分析深圳市的出租车运营状况，从而清晰地知道哪些区域的哪些路段比较拥挤，这能有效地帮助出租车公司作出相应调度和制定出租车司机的运营路线规划等[17]。

此外，通过实时分析城市出租车运行轨迹，能迅速帮助用户及时了解道路变化情况。例如，因水管抢修，深圳南山区的学苑大道塘朗村路段临时改道。在传统模式下，车辆行驶至改道指示牌时才能发现道路不通。然而有了大数据的协助，地图服务提供商可以通过实时分析出租车轨迹数据，及时通知其地图服务用户相关道路变化情况，调整导航路径从而优化用户的使用体验。

当然，大数据的应用远不止如此。大数据技术会根据你的行为习惯来给你进行个性化推荐，例如淘宝的货物推荐、今日头条的文章推荐和抖音的视频推荐等。在城市规划中的地图导航中，可根据现有的实时车辆数据给你推荐最快、最合适的路线，或者通过实时分析城市间人流、车流数据来预测拥堵、预警拥挤、避免踩踏事件发生等。

伴随着物联网（internet of things，IoT）时代和5G时代的到来，大数据成为技术发展的重中之重。随着数据的增长，大数据技术的使用和延伸势在必行。而大数据技术所做的，就是运用相关的技术对大量的、不同类型的数据进行处理和分析，从而发掘具有使用价值的信息。

机器也能进化吗

程然

地球上生活着多种多样的生物，其诞生源自一股神秘而强大的进化力量。

提起进化，不得不谈到查尔斯·达尔文（Charles Darwin）在1869年发表的著作《物种起源》。达尔文所提出的"自然选择"学说，论证了物种的产生与消亡是自然历史发展的结果。所有的物种为了生存，都会相互竞争，而真正判定输赢的规则只有一个——能否适应环境。

既然进化的力量如此强大，我们是否可以利用它来造福人类呢？答案是肯定的。早在上千年前，人们就开始筛选具有高产特性的作物，以人工代替自然，使生物向着对人类有利的方向进化。与之类似，随着现代计算机的发展，诸如"深度学习"之类的人工智能（AI）技术得到了蓬勃的发展。而在众多的AI技术当中，进化计算（evolutionary computation）正扮演着日益重要的角色。

进化计算，顾名思义，就是利用计算机模拟进化过程，将要解决的问题当作进化目标，试图"进化"出问题的最优解。20世纪60年代，进化计算的思想在三个地方分别被发展起来。美国的劳伦斯·福格尔（Lawrence Fogel）提出了进化编程（evolutionary programming）[18]，而来自美国密歇根大学的约翰·霍兰德（John Holland）则借鉴了达尔文的进化论，将基因交叉变异、自然选择等机制抽象成了遗传算法（genetic algorithms）[19]。在德国，因戈·雷兴伯格（Ingo Rechenberg）和汉斯-保罗·施韦费尔（Hans-Paul Schwefel）提出了进化策略（evolution strategies）[20]。

　　进化计算从一组随机产生的种群出发，仿效生物的遗传方式，采用交叉、变异等操作，繁衍出下一代种群，并通过提前设定好的进化目标，根据种群中不同物种个体对自然环境的适应度，对个体进行选择，使更接近进化目标的物种个体生存下来，并进入下一代的繁衍。如此反复迭代循环，种群不断逼近设定的进化目标（图2-4）。而这一切，都由计算机自动模拟完成。

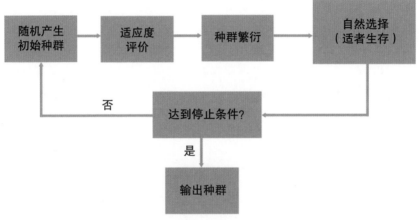

图2-4　进化计算的基本框架

　　那么，进化计算到底能做什么呢?

　　这取决于所设定的进化目标。可以认为进化目标是一个优化函数，而进化的目的是求得这个函数的最优解。例如，日本新干线的N700系列车头就由进化计算辅助设计完成，其中进化目标是获得更小的风阻。有趣的是，这个长得像"长鼻子"的车头，不仅阻力较低，还能大幅降低外部噪声，尤其是解决了隧道中的音爆问题。可见，进化的力量不可小觑。不过，其"威力"远不止如此。

　　近年来，著名的美国科技公司优步（Uber）成立了专门研究进化计算的实验室，通过一系列算法设计及训练，成功地在计算机中"进化"出了直立行走的行为（图2-5）[21]。

图2-5 在计算机中模拟"进化"出的可以直立行走的"小人"

南方科技大学的"进化机器智能（EMI）"课题组基于进化计算理论方法，在单/多目标优化、学习模型驱动优化、进化神经网络架构搜索三个领域提出了多种解决方法。成功应用于混合动力车控制器优化[22]、高阶高性能滤波器设计、客机翼型设计、电压互感器误差检测、超疏水材料设计优化[23]、深度神经网络架构搜索等。

进化计算能够用于众多领域，解决传统方法无法解决的问题，为提高生产效率、探索新的设计优化方案做出贡献。或许，未来我们真的能用计算机还原地球几十亿年的历史，还原恐龙灭绝的真相。

"物竞天择，适者生存"的法则不仅适用于自然界，也适用于机器。试想有一天，机器可以自我进化，这个世界将会发生怎样的变化呢？让我们拭目以待吧。

程然，南方科技大学计算机科学与工程系助理教授，英国萨里大学博士。主要研究方向有人工智能、深度学习、演化计算等，迄今已发表国际学术论文50余篇，现担任电气电子工程师学会（IEEE）人工智能会刊 *Transactions on Artificial Intelligence*副编辑，曾荣获IEEE计算智能学会杰出博士论文奖。

计算机能自己写程序吗

刘烨庞

　　"让计算机自动编写代码"是一项新的技术成果。根据给定的问题描述或规范，计算机自动编写满足条件的程序，这个过程被称为程序合成（program synthesis）。

　　程序合成有很广泛的应用前景，微软公司Excel产品中集成的Flash Fill功能就是程序合成技术的一个成功应用。此功能可以根据用户输入的少量数据推理出其中的模式，并根据此模式自动处理其他的数据（图2-6），从而简化了终端用户的重复性工作。数据库查询语言Seq2SQL是程序合成技术另外一项有意义的应用[24]。此技术可以将自然语言转化成可执行的数据库查询语句，从而大大提高了终端使用者的数据处理效率。另外，程序合成也可以应用于软件的自动调试与修复、程序理解、代码补全、新算法发掘以及教学等领域。

	A	B
1	Yoshua Bengio	Y. Bengio
2	Hugo Larochelle	H. Larochelle
3	Tara Sainath	T. Sainath
4	Yann LeCun	Y. LeCun
5	Oriol Vinyals	O. Vinyals
6	Aaron Courville	A. Courville

图2-6　Excel的Flash Fill功能可以推断用户意图并自动处理数据

　　程序合成的本质涉及问题描述的表达形式与程序空间的高效搜索两个问题。

　　第一个问题是如何描述符合要求的程序。自然语言是最直观的表达方式。比如"将位向量最右端的1置为0"，但自然语言天然具有不规范与歧义性，使其难以直接作为程序的表达形式。为了使描述严谨，可以将自然语言描述转化为逻辑规范（表2-1），这需要有相应的数学逻辑背景知识与经验，一般终端用户难以实现。

表2-1　对同一问题的三种表达形式 [25]

问题的表达形式	示例
自然语言	将位向量最右端的1置为 0
输入/输出范例	10101100→10101000
逻辑规范	$\exists i\{0{\leq}i{\leq}n \wedge (\forall k, 0{\leq}k{<}i{=}{>}x[k]{=}0)$ $\wedge (i{=}n\vee(i{<}n\wedge x[i]{=}1\wedge y[i]{=}0))$ $\wedge (\forall k, (0{\leq}k{<}n\wedge k{\neq}i){=}{>}y[k]{=}x[k])\}$

对于程序合成技术的终端用户来说，直接提供输入/输出范例是最便捷的一种方式。但是，这种方式也有缺点，其程序合成的效果与输入/输出范例的数量和质量有关。

程序合成需要解决的另一个问题是如何在巨大的程序空间内进行高效搜索。首先，程序合成的研究者需要确定一个足够大的搜索空间。针对终端用户想要合成的程序类型，研究者还要有足够的表达能力。同时，此搜索空间又必须有足够的限制，使得高效的搜索计算可行 [25]。例如根据用户的具体需求，搜索空间可以限制一些操作符，包括数学操作、位运算、指定库的应用编程接口等，同时也会对程序的控制流做出一些限制 [26]。

接下来，程序合成方法会在限定的搜索空间内进行搜索，从而编写出满足问题描述的程序。最简单的搜索策略即暴力求解。然而，暴力求解效率低且代价高。虽然暴力求解有较为成功的应用，但是其事先采用了一些优化方法对搜索空间进行删减，通过将问题适度简化后才得以实现。另一类方法是通过约束求解的方式，搜索满足条件的程序。此外，版本空间计算、概率推断和演化计算技术也经常被用于程序合成。近期，基于神经网络的程序合成技术也初步取得了令人瞩目的成果 [27, 28]。

程序合成是人工智能领域的一个主要研究内容。为了使程序合成技术更加智能化，并能广泛地应用于人们的生活中，未来还需要解决以下问题：如何在满足功能正确性的基础上，同时提升合成程序的自身性能？如何在使用者接口统一化的基础上，同时支持多种问题描述的表达形式？如何设计模块化的架构，从而重新利用不同领域的程序生成技术与工具？

这些问题虽具有挑战性，但是我们相信在不久的将来，程序合成会给程序开发、企业运作以及人们的日常生活带来深刻的变革。

刘烨庞，南方科技大学计算机科学与工程系助理教授，香港科技大学博士。主要研究智能软件工程，在国际学术期刊及会议上发表论文30余篇，获ACM SIGSOFT杰出论文奖2次和杰出软件制品奖1次。

人工智能如何赋能医疗

刘江　胡衍

医疗与民生直接相关。目前，人口老龄化严重、疑难重症患病率提升以及医疗资源分配不均等现象是全世界各国面临的共同问题。中国是全世界人口最多的国家，各种疾病发生的可能性相对较高，因此对高可靠性的医疗诊断、治疗的发展需求更加迫切。

医疗的发展，按照是否与现代信息技术（IT）结合划分，经历了从传统医疗，到数字化辅助医疗，再到人工智能赋能医疗（AI+医疗）的发展过程。中医以患者的临床症状和体征，结合患者信息，通过望、闻、问、切的方式了解病情，依靠医生经验给药，治疗病症。但由于优质中医培养周期长导致医疗资源的供需严重不平衡，加上疾病谱变化快，使这种依赖经验的医疗方式误诊率较高，因此这种传统的医疗方式已经远远无法满足患者的需求。

在传统医疗的基础上，医生结合化验结果和影像学评估等数据，应用计算机技术进行分析，可以基本确定治疗药物和使用剂量等，进而发展出"数字化辅助医疗"。然而，从本质上讲，因为计算机只能针对已经出现的症状和体征进行治疗或用药，所以该治疗方式仍然属于被动处理方式，仍属于传统的医疗模式。

在以上两种传统的医疗模式中，医生处于主导地位，而患者不仅处于被动接受的地位，而且他们普遍缺乏事前预防的意识。在诊断治疗的过程中，由于双方形成的不平等关系，常常导致患者体验差；在诊治完成后，由于没有后续服务，医生不能对患者的病情进行长时间有效跟踪，不能很好地把握诊治的效果。

近些年，随着科技的快速发展，人工智能（AI）走进人们的生活，被应用在各行各业。其中，AI在医疗和健康行业的开发应用也发展迅猛，即人工智能赋能医疗。它集成了AI、大数据、物联网、云计算等新型技术和手段，被运用在医疗机构和医疗服务等方面，旨在提高医疗行业运营效率，解决目前医疗行业痛点。

对于医生，人工智能赋能医疗系统可以提供智能分析结果，从而提高医生的工作效率，缓解医生资源紧缺的状况；对于医院，该系统可对一定范围内居民进行有效的健康管理；对于患者，他们可以通过移动医疗手段，对自身的健康数据进行实时监测，从而及时发现自己身体的异常情况，做好防范。此外，该系统可以通过模拟医生诊疗过程，为患者提供合理的诊疗建议，如服用日常药物，或者就近联系医生等，从而满足了常见病咨询的需求，不仅节约患者和医生的时间，而且能够保证患者的生命安全。

我国春秋时期的名医扁鹊医术精湛，据说能手到病除。当人们赞美他时，他却说他的哥哥更厉害，他哥哥在病灶形成前就可以及时发现，并进行调理，无形中就治疗了潜在的重病症。因此，对于个人来说，预防疾病比患病治疗更重要。人工智能赋能医疗有效结合高效的计算能力，通过更精确的检测和诊断，预测潜在疾病的风险，提供更有效、更有针对性的治疗方案，从而预防或干预某种疾病的发生，图2-7列出了这三种医疗模式的主要特征。

图2-7　医疗的3种发展模式

目前医疗资源分配不均是个世界难题，优质诊疗资源大多集中在大型医疗机构和经济发达地区。将AI技术应用于医疗领域的好处非常多：首先，随着网络体系的发展，AI技术让高精度远程诊疗成为可能，这有助于均衡医疗资源，对解决许多民众看病难、看病贵的问题意义重大；其次，对患者而言，高度智能化的医疗辅助能够让普通医生给出专家级的诊疗意见，患者不需要为了找专家看病而特意到大城市，大幅降低患者的看病成本，减轻负担；最后，对医生而言，AI技术可以大幅降低因主观判断或操作误差产生的风险，让诊断更加精准。

人工智能赋能医疗系统（图2-8）目前在医疗临床方面主要包括如下3种：①智能疾病诊断系统，包括医疗影像自动诊断系统、多模态的基于本地或者云端的个性化的精准医疗诊断系统等，如将深度学习应用到医学图像分析诊断中，算法精准度得到大幅提高[29]；②智能医疗设备系统，包括智能医疗手术机器人、成像设备、医疗设备、导航系统、智能可穿戴设备等，如目前广泛应用于国内外的手术机器人达·芬奇（Da Vinci）[30]，其应用于人体手术的准确率已经远超医生；③智能医疗大数据系统，包括智能临床诊断支持系统、健康数据采集监测及分析、慢性病管理、智能康复系统、基因组分析、安全系统等，其中基于基因、图像和文本信息的多模态融合智能医疗大数据系统，可以有效地提高临床的诊断精度[31]。

近些年，随着深度学习等技术的快速发展，AI已经渐渐地从开始的前沿技术探索转变为实用领域的应用。其中一个应用是在医疗诊断和疾病检测领域的应用，这个应用不仅提高了医疗诊断准确率，通过提高患者自诊比例，降低患者对医生的需求量进而提高医生的诊疗效率，而且能够辅助医生进行病变检测，实现疾病早期筛查，最终有望从根本上解决目前医疗行业存在的资源不平衡、看病难等问题。

由刘江教授带领的南方科技大学计算机科学与工程系智能医疗影像研究团队（IMED）致力于利用科技人工智能手段解决医疗痛点。该团队特别专注眼科人工智能，并在眼科人工智能世界范围内建立了自己的影响力。

图2-8　人工智能赋能医疗系统

目前全世界拥有2.85亿视障人士、3 900万盲人，而中国作为一个人口大国，有视障人士7 500万、盲人820万。世界卫生组织指出，通过早期对眼科疾病的筛查和诊断，其中80%的视障可以预防或治愈。现在由于医疗资源的短缺，世界上大多数的国家并没有将眼底检查纳入健康体检，无法提供人工智能眼科疾病早期筛查和诊断服务。南方科技大学IMED团队针对特定医疗影像模态，融合眼科专业领域知识，结合深度学习及大数据精准医疗影像组学进展，开发出多维、高准确率、多模态的智能眼科疾病筛查和诊断系统。

同时，南方科技大学IMED团队提出的多模态、多病种、多尺度的人工智能眼科疾病预测模型（图2-9），大幅度提高系统对眼科主要病灶、多疾病的同时诊断和筛查准确度。团队致力于开发出一款通用的眼科疾病人工智能诊断算法，具体来说，就是通过深度学习（特别是神经网络方面的深度学习）来自动诊断眼底疾病，包括白内障、角膜疾病、青光眼、糖尿病性视网膜病变、病理性近视和老年黄斑病变等。人工智能诊断不仅能准确地分辨疾病的种类，而且能够精准定位病灶区域，通过早发现、早治疗，真正为眼科疾病的预防和治疗做出贡献。

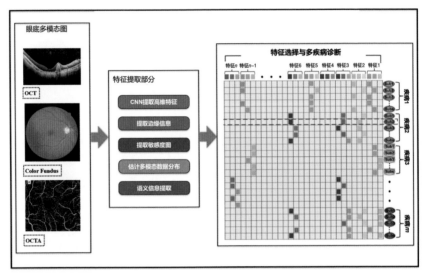

图2-9　多模态、多病种、多尺度的人工智能眼科疾病预测模型

刘江，南方科技大学计算机科学与工程系教授，新加坡国立大学博士，新加坡国家眼科研究中心首席科学家。2007年创建了智能医疗影像研究团队（IMED），主要研究方向为眼科人工智能、眼脑联动、精准医疗、手术机器人等。

胡衍，南方科技大学计算机科学与工程系科研助理教授，东京大学博士。智能医疗影像研究团队（IMED）成员，主要研究方向为眼科人工智能、手术辅助等。

量子基石篇

电子与信息篇

材料与化学篇

生命与科技篇

地球与环境篇

智慧城市如何运作

宋轩

　　工业革命之后，人类的生产力不断提高。物质生活的极大丰富使得人们不再囿于田地，更多的生产力从农业生产中解放出来。人类社会从农业社会向工业社会转型，现代意义的城市逐步形成。如今，城市化已成为一种全世界范围的发展趋势。

　　然而随着越来越多的人口涌向城市（图2-10），鳞次栉比的高楼取代了郁郁葱葱的森林，车水马龙的街道取代了蜿蜒的林间小路，我们的城市难免会患上各种"城市病"。首先是过度、过快的城市开发忽视了对环境的保护。1952年的伦敦雾霾事件直接导致了4 000余人的死亡，并导致10万多人受到呼吸道疾病的影响。几十年后的今天，城市发展过程中的环境污染问题仍未得到妥善解决，近年来中国的各大城市仍然备受空气污染的困扰。交通拥堵是城市发展过程中的另一个难题。据统计，北京每年由交通拥堵带来的直接、间接经济损失高达数千亿元人民币，大概占北京地区生产总值的5%。尤其是节假日、大型活动期间以及遇恶劣天气时，城市交通更是面临极大的挑战。2018年春节因受琼州海峡大雾影响，上万车辆滞留海口造成大拥堵，许多人甚至在路上堵了4天之久。此外，由于城市人口稠密，人与人之间的接触频繁，容易造成传染病的大规模传播。现代便利的交通使得传染病的远距离传播成为可能，这更增加了传染病疫情控制的难度。2003年我国出现了致死率与传染性都很强的"非典"疫情，从最早在广东省发现病例到全国各地相继发现病例，仅仅几个月时间，人们的生命安全便遭受到极大的威胁。为了控制疫情，北京市的中小学校停课，部分企业停工歇业，严重影响了人们的正常生活。2020年初开始的新冠肺炎疫情，更是在全世界范围内造成很大影响。

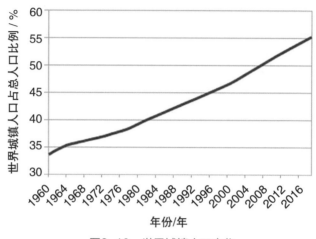

图2-10　世界城镇人口变化

　　随着科学技术的发展，尤其是手机与互联网的普及，智慧城市的相关研究为这些"城市病"提供了新的解决方案。

　　智慧城市的相关研究可分为三个层次：感知、分析、决策。手机以及其他连接了互联网的设备（如共享单车、智能家电、智能手表等），可作为分布式的传感器，实时地感知关于城市各个方面的信息，例如人们的出行、用电、消费和社交行为等（图2-11）[32]。相较于传统的人工采集数据（出行调查问卷、车流量计数），这些信息的采集具有更高的实时性与可持续性，这使得城市的智能分析成为可能。

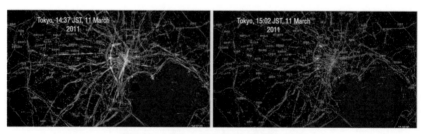

图2-11　基于手机GPS的感知方式

通过对历史数据的挖掘，我们可以分析得到关于城市内在规律性的模式。例如基于人们出行模式挖掘的城市的功能区划分，这为现代的城市规划提供了数据驱动的新思路。通过对实时数据的理解，我们可以更精确地掌握城市的当前状态，预测下一时刻的状态，例如交通流量预测与灾难时人们行为的建模与预测。对于城市的交通管理和灾害应急管理来说，更精确的预测意味着管理部门可以对未来将要发生的状况做更合理的准备，从而尽早地进行交通疏导与救援资源分配。

基于城市分析，我们可以对城市的过去、当前乃至未来状态有更深入的理解和更精确的预测。然而对于城市问题的解决，仅仅通过分析是不够的，还需要我们能够根据分析结果提出切实可行的解决方案。这需要我们综合考虑多方面的因素，在优化目标与现实约束中寻求最优的组合解。例如，利用共享单车的轨迹数据估计自行车道路的使用量，结合施工的可行性与施工费用分析，就可以规划出更多的能满足人们出行需求的自行车道。对于城市交通数据以及已有空气质量观测站的空间分析，同样可以更好地为新的空气质量观测站选址提供决策依据，以更精确地监测城市的空气质量。

综上所述，城市化的进程在给我们带来便利的同时，也给我们带来了一些棘手的问题。智能化的城市管理为这些问题带来了新的解决方案，城市大数据的分析应用使我们对城市的理解更加精确、深入，从而使我们生活的城市更安全、更洁净、更高效。

宋轩，南方科技大学计算机科学与工程系副教授，北京大学博士。2017年入选日本卓越研究员计划。主要研究方向为人工智能及其相关领域，包括数据挖掘、城市计算、智慧城市等。

视觉3D感知技术如何让机器"看"懂世界

邵理阳　杨鹏

　　日常生活中，人类所感受到的世界是立体的，物体均具备一定的三维几何形状，因而人类对大千世界的理解也建立在这些几何信息之上。随着科学技术的发展，像手机、平板电脑、机器人等终端设备，承担着越来越多的服务人类社会的功能。为了更好地实现服务功能，让机器"看"懂所处的世界成为一种趋势。

　　从视觉角度讲，只有实现物体几何信息以及色彩信息的全记录，终端设备才能获取最准确的信息来解读人类世界。传统的相机可以实现色彩信息的记录，而几何信息则要依赖视觉3D感知技术。

　　视觉3D感知技术可分为被动成像和主动成像两种类型，两者以是否自带光源发射探测信号为区分。常见的被动成像技术有双目立体成像等，而常见的主动成像技术则有散斑结构光和飞行时间（time of flight，ToF）等。

　　1. 双目立体成像技术

　　其基本原理是利用两个摄像头对真实世界进行观测，这种观测原理与人用两只眼睛看世界类似。当两只眼睛看同一个物体时，视线会交于同一个物点。对于单只眼睛，其成像模型可以理解为小孔成像（图2-12）。

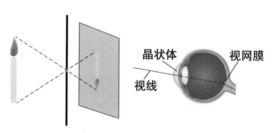

图2-12　小孔成像模型和眼睛结构示意图

其中，眼睛结构中的晶状体具有类似小孔的功能。每只眼睛可以通过晶状体以及视网膜上的像得到一条射线，两条射线在空间中的交会处就是所看到的物点位置，因此能够唯一确定该物点在空间中相对于人眼的位置。对空间中的所有物点重复上述过程，那么真实世界的立体形象就出现在我们的脑海中。换而言之，对于双目传感器，每一张相片上的像点以及镜头也会确定一条射线，且射线的交点也会确定物点在空间中的位置，从而恢复真实世界的几何信息。

在双目构建几何信息的过程中（图2-13），其实隐含着一个假设条件，即能够在视网膜或者相片上确定同一物点的两个像点的位置。在处理视觉数据时，通常假设物点向各个方向发出的光线信息亮度相同，即在相片上成像的颜色信息相同，此外还要假设物点与周围的点具有色彩上的差异性。设想一下，你站在一间雪白的房间内，里面的光线不会在墙壁上产生一丝阴影，在这种情况下，你能不能判断墙壁相对于你的距离？答案是不能，因为无法判断在两个视网膜上的像来自哪个物点。因此，在场景中没有足够多且明显的特征时，空间的几何信息将无法有效恢复，但主动视觉3D感知技术则能有效解决这一问题。

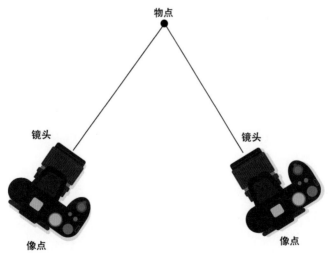

图2-13 双目视觉原理

2. 散斑结构光技术

散斑投影是结构光技术的一种（图2-14），其基本原理是利用散斑投影器，在真实世界中投影随机的散斑点阵，同时通过一个相机对投影的随机散斑点阵进行观测，进而获取真实世界的几何信息，此时哪怕身处之前的白色房间内，也能够通过主动投影的光线获取四周环境的几何信息。

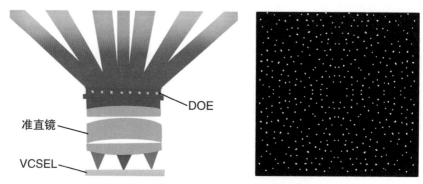

图2-14　散斑投影器的结构原理图和散斑图

在散斑结构光中，一个重要的器件就是散斑投影器。主流的散斑投影器由垂直腔面发射激光器（vertical cavity surface emitting laser，VCSEL）、准直镜以及衍射光学器件（diffractive optical element，DOE）等器件组成。

VCSEL是一个面阵的激光器，上面随机排列着多个激光发射单元。在散斑结构光技术中，VCSEL的激光波长通常选取近红外波段，因此所采用的接收单元为一个装配有窄带滤光片的红外相机（infra-red camera）。常用的VCSEL激光波段有850 nm和940 nm，这两个波段各有优势，一般红外相机在850 nm的量子效率（quantum efficiency）要高于940 nm，但940 nm处于大气透过率较低的波段，受户外阳光的干扰较小，且940 nm光信号对人眼而言是不可见光。

准直镜可以减小激光束的发散角，以保证激光束在空间中传播一段距离之后仍然有足够的亮度。若不进行光束准直，则由VCSEL发射的激光的发散角较大，在空间中传播一段距离之后能量密度降低较快，无法在空间中投影出有效的散斑点。

在通常的结构光测量中，需要1万~3万甚至更多的散斑点，仅仅通过VCSEL上排列的激光发射单元，数量不够，因此还需要DOE这一元器件进行散斑点的复制，形成高密度的随机散斑点阵，来获取精细的场景几何信息。DOE进行散斑点复制的方式是利用单色光衍射的效应，将入射光衍射成不同级次的光，从而起到散斑点复制的作用。

目前散斑结构光技术已经被广泛应用在日常的终端设备上，如苹果的iPhone、iPad，OPPO的Find X，华为的Mate20 Pro，等等，可以支持人脸解锁、支付、三维建模等。

3. 飞行时间技术

ToF技术是另外一类视觉3D感知技术，利用光飞行的时间进行3D测量。简单来讲，在发射脉冲光束的时候记录一次时间，同时在接收脉冲光束的时候再记录一次时间，利用两者的时间差异，结合光速常量，即可计算出物点到传感器的距离。因此，ToF技术中主要包含3个关键器件：信号发射单元、信号接收单元、电路控制单元。

但直接进行脉冲计时的方法，对接收脉冲信号的探测器的控制时钟精度要求非常高，因此通常会对发射端光信号进行调制。一种方法是将光信号调制成高频连续波信号，比如正弦波信号，在接收端解调反射回来的高频信号的相位延时。对反射回的信号进行解调时，采用4组不同相位延时的解调信号对接收到的光信号能量进行积分，通过积分得到光能量值即可解算出接收信号相对于发射信号的相位差。而传感器相对于物点的距离可以通过调制信号的频率、光速信息和相位差计算。

此外，还有一种方法不依赖于相位的计算，而是将光信号进行脉冲调制（pulsed modulation），并对反射脉冲信号进行积分，通过不同周期内光信号能量积分比值直接计算出光信号从发射到接收的时间差，从而计算出物点到传感器之间的距离。在实际使用时，ToF传感器接收到的除了有效的反射信号，还有太阳光等干扰信号，因此通常会对背景光进行积分，并在计算过程中减去该积分的量值。

在现代生活中，视觉3D感知技术已经应用于各个方面。畅想一下未来，人们出门可以不用带现金、信用卡，甚至手机，只需要借助视觉3D感知技术即可完成支付。看到构造精巧的物品，想分享给亲朋好友时，可借助视觉3D感知技术，完成全方位的几何信息拷贝，以更加逼真的形态，让亲友也能身临其境般感受物品巧妙的构造。此外，在视觉3D感知技术的助力下，我们能构建更加准确的安防体系、建立更加智慧的仓储物流、获得更加震撼的AR体验。可以预见，未来人类的真实世界可以通过视觉3D感知技术实现数字化拷贝，届时每个人都能拥有一个属于自己的世界。随着5G时代的到来，视觉3D感知技术将会蓬勃发展。

邵理阳，南方科技大学电子与电气工程系研究员，创新创业学院副院长，浙江大学博士。先后在加拿大卡尔顿大学、澳大利亚悉尼大学、香港理工大学、新加坡南洋理工大学等知名高校从事科研工作。主要研究方向有新型微结构光纤/光纤激光器及其应用，分布式光纤传感，微波光子传感及测量，实时超快成像技术以及光信息和传感技术在海洋监测、轨道交通、周界安防、桥隧健康监测等领域的应用等。

杨鹏，深圳奥比中光科技有限公司3D传感技术研发中心算法部负责人，北京大学摄影测量与遥感专业博士。发表论文10余篇，作为重要发明人申请发明专利5项，参与国家重点研发计划、国家自然科学基金等项目3项。

光纤是怎样传输信息的

邵理阳　余飞宏　刘帅旗　何海军

光通信已经成为当今时代的"信息高速公路"。不管我们打电话、看电视，还是上网，都在享受着光纤网络带来的极大便利。如果没有它，现代生活质量水平会大打折扣。

光纤是什么？它是由什么材料制作的？它又是怎样利用光传输信息的？

1966年，华裔物理学家高锟发表了《光频率介质纤维表面波导》一文，提出利用玻璃纤维进行信息传输的可能性和技术途径，从而奠定了光纤通信的基础。4年后，康宁公司依照高锟的方法，成功研制出较低损耗的石英光纤。自此光纤通信技术与传感技术蓬勃发展，日新月异。高锟教授也因此获得了2009年诺贝尔物理学奖，被尊称为"光纤之父"。

当光从光密介质射入光疏介质时（图2-15），会发生折射；如果

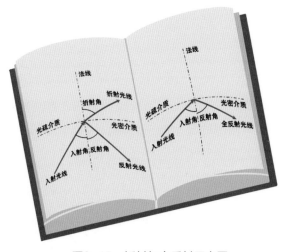

图2-15　折射与全反射示意图

增大入射角使折射角为90°时，折射现象消失，光线将全部反射回到光密介质中，这种现象称为全反射，此时的入射角称为临界角。

光纤信息传输就利用了上述原理。光缆和光纤的结构如图2-16所示。光纤由纤芯和它外面的包层组成。虽然它们的原材料均为石英（SiO_2），但是折射率差别很大。当然，为了提高光纤的柔韧性和机械强度，我们需要在外面包裹一层高分子材料保护层（涂覆层）。

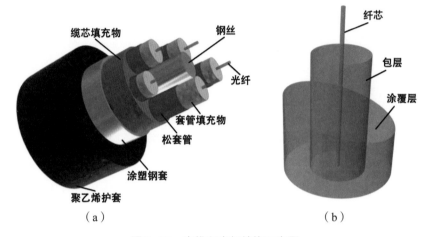

图2-16　光缆和光纤结构示意图
（a）光缆；（b）光纤

由于纤芯和包层存在折射率差，只要我们选择从特定角度让光入射，光就不会乱折射，而是在纤芯与包层的界面上会不断发生全反射，就像青蛙一样，不断向前跳，从而实现光在纤芯内传播。

光纤通信就是利用光纤作为物理载体，用光来传输信息的一种通信方式。光纤中使用的光，频率要比收音机里的调频广播频率高得多，但又比可见光的频率低一些，它的频率范围为230~187 THz（$1THz=10^{12}Hz$），对应的波长范围为1.3~1.6 μm（$1 μm =10^{-6}m$）。之所以选择这个波段的光，是因为它在光纤中传输时损耗较小（单模光纤，0.2d B/km），在远距离的传输中能够更好地传递信息。

简单的光纤通信系统（图2-17）由发送机、传输光纤、光中继器和接收机组成。发送机由调制器和光源组成，它的作用是把用户要传送的信号（比如声音）转换为电信号，然后使光源发出光的某个特征（如光强度、光相位等）跟随电信号变化。接收机由光探测器和解调器组成，它的作用是把携带信息的光转换成对应的电信号，然后把电信号还原为用户需要的信号。为了避免在传输过程中，光信号因为各种干扰而失去携带的信息，通常需要加入光中继器来放大光信号，这样就能实现超远距离的通信了。

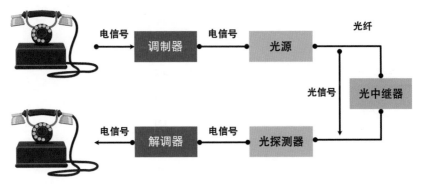

图2-17　光纤通信系统的组成

在光纤通信系统中，作为载波的光，其频率要远高于无线电波。同时，作为传输介质的光纤，其损耗也远低于同轴电缆。因此，相比于电缆或微波通信，光纤通信的宽频带、低损耗特性，使其具有传输容量大、中继距离长的优点。另外，光纤以石英为原材料，这使它不仅体积小、质量轻，还具有优异的抗电磁干扰特性。凭借着这些优点，光纤已经当之无愧地成为迄今为止最好的信息传输介质，不论是干线网还是接入网，光纤无处不在。

随着现代社会的发展，城市地下空间已经布满了错综复杂的光缆网络。如果我们能利用这套现成的光缆网络来感知和监控周围环境，那么相比于新建一套传感系统，将会极大地节省能源与材料，这是件多棒的事！

余飞宏，南方科技大学博士在读，主要研究方向为分布式光纤传感技术中多参量交叉敏感分离传感机制、应变方向信息的多维传感机理等。

刘帅旗，南方科技大学-澳门大学联合培养博士在读，研究方向为分布式光纤传感技术，主要包括高灵敏度光纤传感技术研究、模式识别技术在光纤传感信号处理中的应用。

何海军，西南交通大学信息与通信系统博士在读，研究领域包括分布式光纤传感技术、非线性光纤光学、信号提取与增强等。

人们怎样利用光纤感知环境

邵理阳　余飞宏　刘帅旗　何海军

上一篇我们介绍了光纤，如果用电缆网络来感知和监控周围环境，相比于新建一套传感系统，将会极大地节省能源与材料，那该是多好的事儿！其实科学家们早就想到了这一点，并已着手研究。

当光信号在光纤中传播时，它的光强相位等参量会受到外界影响，分析传输光的变化，就能知道对应位置的环境情况。这项利用光纤来感知环境的技术，就是光纤分布式传感技术。称它为"分布式"传感，是为了与传统的电子点式传感技术相区分。

那它是怎么工作的呢？传统的电子点式传感技术只能感知传感器附近的情况（需要专门设计制造光纤传感器），而在光纤分布式传感技术中，整条光纤都是有效传感区域，沿线任意位置的环境参量发生改变，都能被系统感知到。若光纤所在任意位置的外界环境，例如温度等发生了变化，则在该位置产生的散射光也会有光强、相位等参数的改变，通过监控散射光的变化，就可以实现对整条传感光纤所处环境的监控。

在矿层勘探中，人们会使用巨大的锤子敲击地面，通过检测地下反射回来的冲击波确定矿层深度。人类行走、机械作业都会使地面产生微弱的振动，管道泄漏、铁轨变形也会发出特定频率的声波。这些振动信号都能被相位敏感型光时域反射仪接收，通过分析这些信号就能了解对应的振动情况（图2-18）。

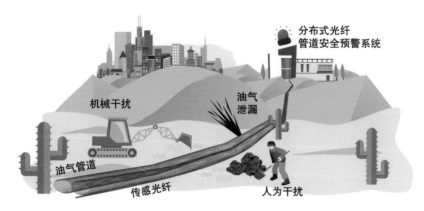

图2-18　分布式光纤管道安全预警系统

此外，一些仪器对静态应力的变化十分敏感。将光纤贴合在桥梁、隧道、大坝等大型建筑的表面，可以检测到建筑结构内拉伸、压缩、剪切力等应力的变化；将光纤埋入山岩中，可以检测到山体滑坡前岩层中应力的积蓄；将光纤附在电缆中，还可以还原两座电塔之间电线悬垂的弧度。同时，有的仪器还对温度的变化非常敏感，已广泛应用于温度传感领域（图2-19）。

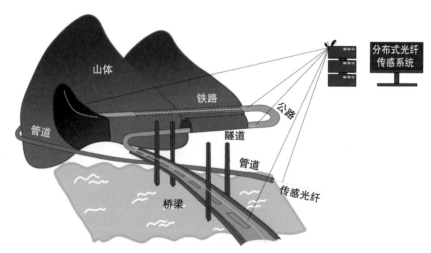

图2-19　分布式光纤传感系统结构健康安全监测应用

在实际应用中，传感光纤的长度通常都在数十至上百千米之间，且整条光纤都是传感区域，这意味着一条传感光纤就会产生海量数据，包括我们需要的数据以及干扰信号。例如，在监控地震波的光纤传感系统中（图2-20），我们只需要地震波的传感数据，而光纤沿线的风吹草动都会被系统感知并检测出来。如何在海量传感数据中识别、筛选出我们需要的数据，是现在光纤分布式传感研究的热门课题之一。

基于机器学习的模式识别算法是目前解决这一问题的主要手段。模式识别算法首先在海量传感数据中提取特征值，也就是最具代表性的数据，然后利用机器学习算法，对光纤传感数据进行分类、识别。

光纤可以感知大地，让人类在百里之外也能监控地质变化，保护民众以及基础设施安全。相信在不久的将来，由光纤组成的"神经网络"将遍布神州大地。

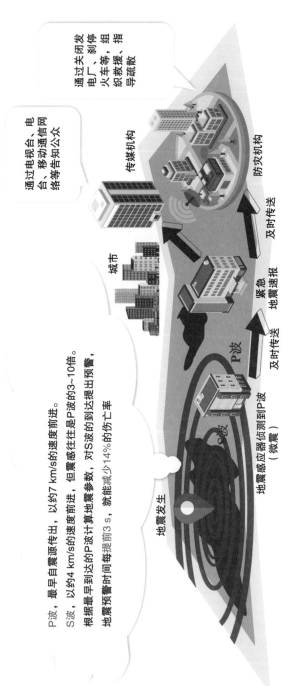

P波，最早自震源传出，以约7 km/s的速度前进。

S波，以约4 km/s的速度前进，但震感往往是P波的3~10倍。根据最早到达的P波计算地震参数，对S波的到达提出预警，地震预警时间每提前3 s，就能减少14%的伤亡率

通过电视台、电台、移动通信网络等告知公众

通过关闭发电厂、刹停火车等，组织救援、指导疏散

传媒机构

防灾机构

城市

P波

紧急
地震速报

及时传送

及时传送

地震感应器（侦测到P波）
（微震）

地震发生

S波

图2-20 地震预警

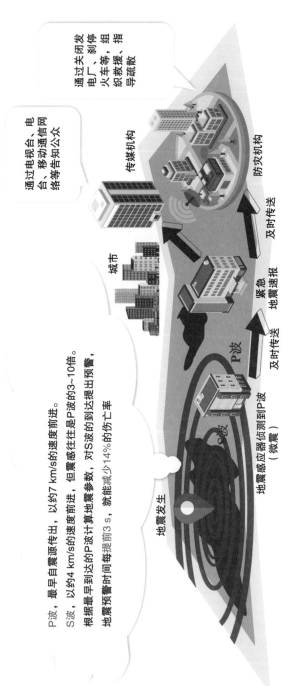

为什么可以用液晶做显示器

刘言军　罗丹

现代社会信息呈爆炸式发展，大部分信息都通过液晶屏幕显示出来，如数字仪表、电脑屏幕、电视屏幕、手机屏幕等。这主要归功于液晶显示器具有体积小、质量轻、省电、辐射低、易于携带等优点，为人们的生活提供了极大的便利。

那么液晶到底是什么呢？

顾名思义，液晶是一种液态晶体，既具有液体的流动性，又兼具晶体的物理特性。生活中我们吃的盐、手上戴的钻石戒指以及五颜六色的宝石等都是晶体，这些晶体最大的特点就是具有固定的空间排列结构，类似于整齐划一的方队。而液晶更类似于一群小蝌蚪，或者一群沙丁鱼。它们看似混乱，却可以朝着一个方向游动起来。所以，液晶必定和一群个体的方向有关。具体来说，液晶中的分子像一盘散沙，但是可以通过外部进行有效控制，使得所有液晶分子有一致的方向，从而让液晶光电子器件具有与众不同的光学特性。可以想象，一堆皮球就不太容易有这种取向的效果，拉长型的分子就相对容易。通常在分子微观尺度上，单个液晶分子呈长棒形。

液晶最早由奥地利植物学家弗里德里希·莱尼茨尔（Friedrich Reinitzer）发现。在1888年，他首次发现一种白色粉末，将其加热到某一温度，可以变成乳白色浑浊液体，继续加热变成透明液体。这种物质放在生物学家手里，除了烧来烧去看其变化外，没有什么特别之处。莱尼茨尔后来将这种材料寄给德国物理学家奥托·莱曼（Otto Lehmann）。莱曼带着物理学家的严谨，在偏光显微镜下仔细观察这种物质，他发现这种液体具有由双折射引起的五彩的图案，双折射一般是晶体才有的性质，因此他将这种既能流动又有晶体性质的液体命名为"液晶"。

那么，液晶显示器是怎样工作的呢？

由于液晶分子具有各向异性，也就是在空间的不同维度上，液晶分子表现出来的介电和光学性质各不相同。以光学性质为例，当拉长型的液晶分子在一定范围内取向一致时，它就表现为一个具有双折射率的单轴晶体。具体而言，当入射光的偏振方向沿着液晶长轴方向和垂直方向时，液晶材料体现出的异常光折射率并不相等。相对应地，液晶分子在沿其长轴和短轴上也分别呈现不同的介电性质。

这个性质很重要吗？

答案是肯定的。有了这样的各向异性，我们就可以利用外加电场，改变液晶分子的排列方向，实现对光的动态调控。

现代的光学理论告诉我们光是一种电磁波，而光的偏振方向就是其电场的振动方向。我们称日常生活中看到的太阳光、日光灯发出来的照明光为自然光。自然光没有固定的偏振方向，然而我们可以利用一种叫作偏振片的光学器件来选择具有某一特定方向的线偏振光。线偏振光经过另一个偏振片的透光率取决于两个偏振片光轴的相对方向。如果两个偏振片光轴方向平行，则线偏振光没有损耗地通过，此时透过率最大，因而呈现为亮态；如果两个偏振片光轴方向不平行，例如相互垂直放置，线偏振光就会被完全吸收，透过率为零，从而呈现为暗态。所以，如果想调节光线的强弱，其中一个办法就是调节偏振片的相对方向。这种方法虽然理论上可行，但是需要同时调节成千上万个偏振片，比较难以实现。

于是科学家们开动脑筋寻找更好的办法。例如，在两个正交的偏振片之间填充一些物质，当一束线偏振光穿过这些物质时，光的偏振方向就可以改变，这样即使不调节偏振片也能让光的透过率发生显著的变化。

什么物质才能胜任这项工作呢？

液晶！

在液晶显示中，最为常见的液晶显示模式是扭曲向列型，简称Tn型（图2-21）。"扭曲"二字非常贴切。如同北方人炸的麻花一样，通过扭曲的方式将面条变成麻花。我们还可以通过另外一个简单的实验来理解"扭曲"的含义。拿一张纸条，双手旋转扭曲纸条，可以让纸条两端从平行变为相互垂直。

简单地说，向列型液晶就夹在两个偏振片之间（具体工艺要比这个复杂得多），液晶分子的排列就如同上述扭曲的纸条，从垂直方向慢慢变为水平。受到这种排列的液晶的影响，射入的垂直偏振光就会逐渐变为水平偏振光。从图2-21中可以看出，这个水平偏振光能够通过出口处水平放置的偏振片，从而呈现亮态。

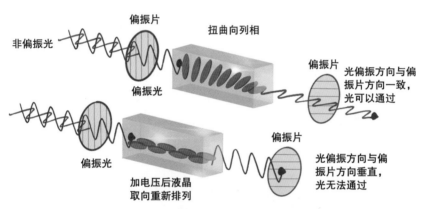

图2-21　扭曲向列型液晶显示模式的原理示意图

随后，液晶的另外一种可重新排列特性也派上用场了。我们通过外加电压，可以使液晶分子重新排列取向，全都平行于光的传播方向。这样一来，入射的垂直向偏振光，其偏振方向不再发生偏转，当然就无法再通过出口处水平放置的偏振片。光被完全吸收后，就会呈现暗态。于是，我们通过简单施加电压，就能控制光线明暗，这就是液晶显示器工作的基本原理。这可比调节偏振片容易多了。

在不施加外电场的情况下，液晶分子呈现90°扭曲排列，液晶层的表面分子排列方向分别平行于两个偏振片的光轴方向。所以当入射线偏振光的偏振方向与表面液晶分子的排列方向一致时，其偏光方向在通过整个液晶层后会随着液晶分子的扭曲发生90°偏转，从而透过另一侧的偏振片出射，呈现亮态。在施加一定外电场的情况下，液晶分子将会沿电场方向重新排列，不再扭曲，此时，液晶层的90°旋光功能完全消失，入射线偏振光的偏振方向不再发生偏转，在经过另一侧的偏振片时被完全吸收，无法透过，从而呈现暗态。

实际的液晶屏幕要显示彩色图案，过程就复杂多了。但是万变不离其宗，只不过技术难度增加而已。我们知道，屏幕上任何一个图案都是由一个个分离的像素点的亮暗变化构成的。要想显示彩色图案，还需要两项新技术。第一项技术就是把屏幕分成很多小格子，每一个小格子都是独立的，它的电压可以被单独调控。第二项技术就是增加专门处理颜色的彩色滤波器，这项技术是为了显示更加复杂的彩色图案。在彩色液晶显示器中，每一个像素又分别由三个液晶子单元格构成，每一个液晶子单元格前面分别放置红色、绿色和蓝色（我们称之为三原色）的过滤器，这样通过控制施加在每一个液晶子单元格的电场就可以获得三原色的不同排列组合，从而在屏幕上显示出五彩斑斓的颜色，呈现出彩色图案。彩色液晶显示器的工作原理示意图见图2-22。

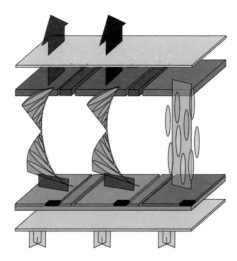

图2-22　彩色液晶显示器的工作原理示意图

那么液晶的应用是不是仅限于液晶显示呢?

液晶显示主要是为了满足人类的眼睛可视性而设计在光的可见波段。而实际上,液晶的响应波段涵盖从可见、红外乃至太赫兹、微波的整个电磁波波段,因而其应用范围非常广泛。随着21世纪初液晶技术的革新及蓬勃发展,液晶光子学材料和器件在快速响应显示技术、增强现实、光场调控衍射光学器件、等离激元、光通信等方面展现出蓬勃的生机。

目前,人们对液晶材料和技术的研究正从显示领域扩展到整个光子学领域。例如,在光场调控领域,利用液晶技术可以很方便地产生各种性质新颖、独特的结构光场,包括具有螺旋相位的涡旋光场、偏振态非均匀分布的矢量光场、振幅和相位随空间变化的艾里光场和贝塞尔光场等,这些独特的结构光场可极大地增加光所携带的信息量,从而拓展光在通信、医学、生物学、天文学、军事国防、激光加工等领域的应用范围。再例如,液晶具有分子小、可流动的特性,几乎与所有其他重要的光电子材料兼容,从而使得它在各种非平面结构中大显身手,其中就包括表面等离子纳米结构。研究人员已经展示了基于双频驱动液晶的表面等离激元开关和表面等离激元彩色滤波器,利用液晶来控制表面等离激元信号有着显著的技术优点,包括操作和加工简单、能耗低、易于小型化和集成化,因而其对于开发基于表面等离激元的光子芯片具有潜在的实用价值。

总之,利用液晶的双折射、可流动等特性,不仅能够实现对非相干光的控制,也能实现对相干光的控制。基于液晶的可调谐光学或光子学器件,有可能成为未来光电产业领域的一片新的"蓝海"。

刘言军，南方科技大学电子与电气工程系副教授，山东大学工学学士，复旦大学理学硕士，新加坡南洋理工大学博士。主要研究领域为液晶光电子学、等离激元光子学、超材料和超表面等。

罗丹，南方科技大学电子与电气工程系副教授（长聘），新加坡南洋理工大学博士。长期从事可调谐液晶激光器、蓝相液晶、光取向材料、新型反射式液晶显示器件、可调谐液晶光子/太赫兹器件以及液晶智能窗的相关研究工作。

材料与化学篇

Materials and Chemistry

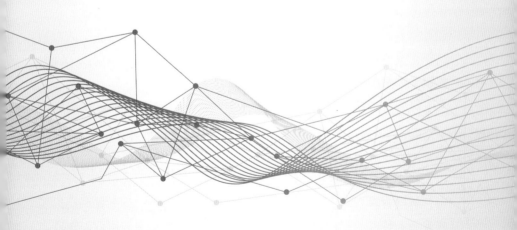

科学家们是怎样研究材料的

项晓东

　　生活中所用的物品都是由某种材料制成的，因此人类历史的发展与材料的发现和使用交织在一起，人类较早的时代均以材料命名，如石器时代、青铜时代、铁器时代。目前我们正处于综合材料时代，所需要的材料种类与性能比以往任何时代都要复杂。

　　传统的材料研究方法主要是试错法，单次实验只能处理有限个数样品。为了达到最佳实验效果，科学家需要进行大量实验，耗时长且效率低，极大地制约了材料创新的速度。为了摆脱这种烦琐的实验劳作，材料科学家一直努力寻找更加高效的研发方式。20世纪80年代以来，随着多学科的发展，材料科学家发现了材料研发的新途径，他们通过材料科学、物理学、计算科学的交叉融合，发展出一系列的材料计算仿真方法。近期，大数据和人工智能的引入，进一步引发了新材料研发模式的变革。

　　纵观科学研究历史，人类进行科学探索的科学研究范式（研究方法）经历了4个阶段：实验观测、理论推演、计算仿真、密集数据+人工智能[33]（图3-1）。随着研究方法的进步，人类处理问题的能力也大幅度提升。现在来认识一下这4个阶段。

　　从远古时期起，人类通过亲身经验来认识自然，逐渐发展出以实验观测为特征的第一科学研究范式。比如，埃及人发现尼罗河潮涨、潮落和天狼星的运行规律密切相关。因此，就可以通过观测天狼星来提前预测尼罗河何时泛滥。

　　当实验观测方法和结果积累到一定程度时，人们开始从现象中归纳总结出理论规律，逐渐使用数学公式这种简明的语言来描述具有共性的现象及规律，并由此推演预测新的现象和规律，此为第二科学研究范式。例如17世纪开普勒发现的天体三大定律就属于该范畴。

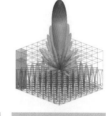
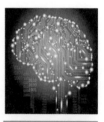

$$\left(\frac{\dot{a}}{a}\right)^2 = \frac{4\pi Gp}{3} - k\frac{c^2}{a^2}$$

| 第一范式 | 第二范式 | 第三范式 | 第四范式 |
| 实验观测 | 理论推演 | 计算仿真 | 密集数据+人工智能 |

图3-1　科学研究范式的4个发展阶段

然而，现实中许多问题十分复杂，无法通过理论推演直接获得结果，于是出现了使用计算机仿真模拟来解决问题的第三科学研究范式。例如看似简单的落叶运行轨迹，如果没有计算机仿真模拟的帮助，人类无法用公式来真正描述其复杂的运行状态。

自20世纪70年代以来，随着计算机计算能力的快速提升，计算仿真技术快速发展，逐渐成为科学与技术领域通行的做法。

如今，互联网时代带来了图像、语音、文字等海量数据，并使得数据传播和分享的门槛大大降低；信息技术飞速发展，使得大数据的计算分析成为可能。近年来，天体物理、生物学等科学领域中探索观测数据量急速增长，促发了使用人工智能分析密集数据的第四科学研究范式的出现。微软公司著名科学家、图灵奖获得者吉姆·格雷（Jim Gray）在 *The Fourth Paradigm* [33]（《第四范式：数据密集型科学发现》）（图3-2）一书中指出："今天在科学的很多领域里，科学家们已不再直接通过望远镜观察，新的模式是由仪器采集或模拟产生数据，经过软件处理，将产生的信息或知识存储在计算机里。"

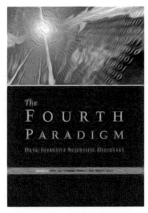

图3-2 《第四范式：数据密集型科学发现》

在材料科学领域，人工智能近些年展现出了强大的威力[34-36]。例如，2011年，普拉桑纳·巴拉钱德兰（Prasanna Balachandran）等人[34]通过机器分析了大量实验数据，从30个物理参量中筛选出6个与居里温度高度关联的参量，并预测了两种高居里温度压电钙钛矿化合物，而且利用人工智能发现了多种用于化工催化的新材料，这在之前靠人工筛选是无法实现的。可见，人工智能正在使材料科学研究方式发生深刻变革，使材料科学进入密集型大数据与人工智能相结合的第四范式。

项晓东，南方科技大学材料科学与工程系讲席教授，国际组合材料科学共同发明人，美国肯塔基大学固体物理博士。1994年开创组合材料研究新领域，1996年获美国Discover杂志的"技术创新奖"。参与中国工程院《中国版材料基因组计划》和中国科学院《中国版材料基因组与高端制造业计划》重大咨询报告撰写工作。2014年，其团队开发的新一代组合材料芯片技术使材料的合成和筛选效率提升了1 000~100 000倍。

068

新时代的材料科学怎么发展

项晓东

　　对于材料科学而言，我们需要确定材料的很多参数，包括材料工艺、成分、结构和性能等。此外，最为复杂的是这些参数之间的关系。科学家常常用相图来表达这种关系。简单地说，水（H_2O）具有气体、液体和固体三个"相"。

　　传统相图是相平衡系统中的相组成与一些参数（如温度、压力等）之间关系的一种图形化描述。比如水在气体、液体、固体三相之间的变化受控于压力和温度（图3-3）。在两个相之间的转变，会使物质性质发生突变。这种相图涉及的参数少，表达也很直观。完成这种相图所需的实验量也相对较少。

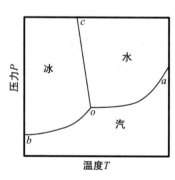

图3-3　纯水的相图

　　而广义相图则复杂得多，它应当涵盖：①成分，包括构成的元素、化合物、功能团等；②结构，包括微观原子堆积、缺陷及应力分布、宏观组织等多层次、跨尺度的结构；③合成工艺，包括温度、时间、成分、压力等热力学、动力学多维度参数；④性能，在特定环境下（如温度、压力、湿度、成分等）的光、电、磁、热、机械等物理性能，反应-催化等化学性能，器件、工件、部件的组成材料结构与服役过程中的性能之间的关系。

要想把这些参数之间的关系全部表达出来，光靠简单的重复实验去枚举几乎是不可能的。因为每增加一个新参数，其关系会呈指数增长，越发复杂。

现有材料学及工业应用领域的绝大多数相图，都是描述材料工艺、成分及组织结构在特定环境（如温度、压力等）下的平衡态结构相图，仅是图3-4中四面体的一面。例如，有些人研究性能、成分、结构的关系，有些人研究成分、结构、工艺的关系。目前用于材料合成的83种元素可形成的二元相图为3 403个，三元相图为91 881个，四元相图达213万个。

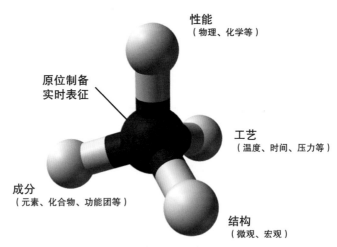

图3-4 描述材料工艺、成分、结构和性能之间关系的广义相图

对于以上相图，科学家完成了多少呢？

根据结构相图审编机构的统计，目前二元平衡态结构相图的研究最为深入，已经完成了70%。可是，材料科学的路确实还很长，经过千辛万苦，在三元平衡态结构相图方面也只完成了3%，还有大片的科研领域没涉及。基于此，还没有多少科学家敢去涉及四元相图，所

以四元相图领域的研究几乎是空白的。现今包含物理性能、化学性能、服役性能等完整的材料相图数据几乎不存在。由于实验耗费太大，如完成Fe-Co-Ni（特种钢和磁性材料的重要基础材料体系）平衡态结构相图耗费了上百人历时98年的工作[37]，相比于生命科学及宇宙科学，材料科学基础数据极度匮乏，因此无法支撑密集数据+人工智能的第四科学研究范式。

为了提供更多的材料基础数据，20世纪90年代中期，项晓东教授与彼得·舒尔茨（Peter Schultz）教授发展了组合材料芯片技术。这个技术的优势在于可以在很小的空间内集成更多的材料进行测试。组合材料芯片技术实现新材料的有效筛选，将材料研发和数据获取效率提高了上百倍。

为利用组合材料芯片方法完成广义相图的系统绘制，2006年，项晓东教授进一步发展了成分连续分布的组合材料芯片技术，通过该技术可高效地进行三元相图研究，称之为材料基因芯片1.0版。图3-5（a）是采用材料基因芯片1.0版技术获得的Fe-Co-Ni在500℃的相图等温截面[34]。

2015年项晓东教授进一步推进了该技术，目前此技术提升到材料基因芯片2.0版。这一版本的技术利用了脉冲激光的优势，对芯片不同成分空间进行个性化原位热处理及光学实时表征，从而获得完整的三元连续非晶态–晶态相变边界温度曲面［图3-5（b）］[36]，这相当于采用传统研究方式需要几十年时间完成的工作。

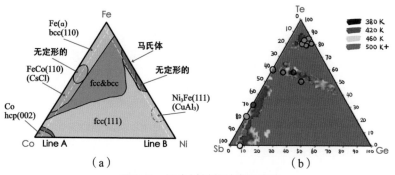

图3-5　组合材料芯片发展历史

（a）材料基因芯片1.0版：芯片整体升温–离位表征；

（b）材料基因芯片2.0版：原位合成–实时表征

根据过去的经验，一个领域的数据如果按照摩尔定律增长，人工智能就能在该领域取得成功。所谓摩尔定律，就是随着高科技的发展，芯片性能每18~24个月就可以提升1倍。从1990年起，先进天文望远镜获取的原始数据量按照摩尔定律快速增长，奠定了人工智能方法在天体物理学中成功运用的基础。光学探针技术、远场光学显微镜等实验室技术实现了全基因测序，使得基因数据量按摩尔定律飞速增长，奠定了人工智能方法在基因组学中成功运用的基础。

那么在材料领域，数据积累符合摩尔定律吗？

虽然材料基因芯片2.0版提升了测量速度，但是由于材料的复杂性，材料科学领域尚未发展出成熟的商业化高通量材料表征技术和设备，未能实现海量数据的快速获取和积累。目前已有的先进表征技术，如同步辐射光源材料表征线站，通常用于材料科学尖端问题的研究，并没有建立材料大数据专用的线站；此外，缺乏对材料电学、热学、力学等参数进行快速测量的手段，这成为材料大数据科学研究的瓶颈。

随着计算模拟能力的不断提高，高通量实验也成为大量材料基础数据的重要来源之一。高通量实验可为材料模拟计算提供海量的基础数据，使材料数据库得到充实。同时，高通量实验可为材料模拟计算的结果提供实验验证，使计算模型得到优化、修正。更为重要的是，高通量实验可快速地提供有价值的研究成果，直接加速材料的筛选和优化，在成本下降的同时，帮助开展材料大数据科学研究。

2011年6月24日，美国总统贝拉克·奥巴马（Barack Obama）提出了材料基因组计划（materials genome initiative，MGI），其目的是利用近年来在材料模拟计算、高通量实验和数据挖掘方面取得的成果，将材料从发现到应用的速度至少提高一倍，成本至少降低一半，发展以先进材料为基础的高端制造业，从而继续保持美国在核心科技领域的优势。2011年欧盟启动了"加速冶金学"（accelerated metallurgy，AccMet）计划，将高通量组合材料制备与表征方法列为其重要研究内容，旨在将合金配方研发周期由传统冶金学方法所需的5~6年缩短到1年以内。

继欧美之后，在中国科学院和中国工程院院士们的推动下，我国科学技术部于2016年启动了"材料基因工程关键技术与支撑平台"重点专项研究计划，希望通过高通量实验、高通量计算和人工智能（图3-6），进一步提高我国材料的创新速度。该计划已得到国内各大高校和科研院所的高度重视和深度参与，并获得国家主管部门的高度认可。

图3-6 材料数据科学的三要素

目前，远场光刻技术使得集成电路芯片中的晶体管数量依据摩尔定律增长成为可能。光学探针技术和远场光学显微镜在基因测序技术的发展中也起到了同样的作用，使得测序的成本迅速降低（图3-7）。受上述技术的启发，项晓东教授提出利用远场光学方法表征结构、成分、电学、热学、力学等材料性能有可能成为打破材料数据增长瓶颈的关键。

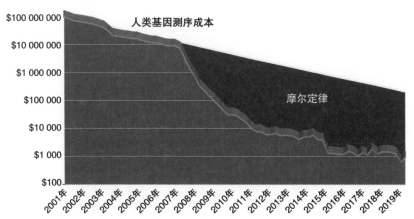

图3-7 人类基因测序成本实际变化（绿色曲线）及摩尔定律反应的趋势（蓝色背景）

借鉴人类基因工程的成功经验，材料数据科学建立了高通量实验、高通量计算和人工智能相结合的研究方法，缩短了新材料研发的周期。人工智能方法的成功，如神经网络，很大程度依赖于数据的数量和质量。目前的材料数据量还远不能满足数据驱动模式的要求。因此，建立基于高通量实验与高通量计算的"数据工厂"，实现材料数据量按照摩尔定律描述的速度增长，从而保证人工智能在材料科学领域的成功应用，最终实现材料科学由试错法向密集数据+人工智能第四科学研究范式的根本转变，是发展材料数据科学的关键。

未来的材料科学将构筑于数据与人工智能的基础之上。

什么材料能送人们去太空旅行

刘玮书

2019年春节，一部《流浪地球》让我们对太空更加憧憬。该电影讲述了太阳衰老后可能发生氦闪，为了避免地球家园被毁，人类制造大量宇宙发动机驱动地球飞往另外一个恒星的故事。

虽然目前人类还无法将上述惊天动地的行为变为现实，但目前我们已经拥有了飞机、火箭和无人宇宙探测器，可以进行宇宙探索。1977年，美国发射了旅行者号太空飞船。目前，旅行者1号和它的"姐妹"旅行者2号已经飞到太阳系边缘，向地球传送回来大量关于太阳系边缘的信息。2018年，飞船科学家爱德华·斯通（Edward Stone）博士在国际热电大会上，总结了这两艘飞船最大的科学发现：太阳风在太阳系的边缘构成了一个保护屏障，使太阳系免受宇宙射线的侵入。

旅行者号太空飞船的动力是汽油，还是太阳能？答："都不是！"

旅行者号连续飞行了35年，其动力是一种叫作核电池的能源。核电池与我们日常使用的化学电池不同，它不储存电能，而更像是一台发电机，持续将放射性同位素（^{238}Pu、^{90}Sr等）在自然衰变过程中释放的热能直接转换成电能。放射性同位素的寿命很长，可以持续放热几年甚至几十年。核电池中用热电材料实现热能到电能的转换。热电现象是1821年由德国物理学家托马斯·塞贝克（Thomas Seebeck）最先发现的。所有导电的材料都具有热电效应，也就是在温度场下有电压产生。最好的热电材料是半导体材料，其性质介于导电的金属材料和不导电的非金属材料之间。

与电脑芯片和太阳能电池所用的材料一样，为旅行者号太空飞船提供电能的热电材料的主要元素也是硅（Si）。硅是一种从沙子

（即SiO_2，二氧化硅）中还原与提纯出来的一种单质。用于电脑芯片的硅纯度要求极高（9~11 N，N表示其纯度百分比中有几个9，如4 N=99.99%，5 N=99.999%），太阳能电池要求次之（6~8 N），而作为热电材料的硅只需要纯度在3~5 N就足够了。热电材料除了满足半导体特性以外，还需要满足导电而不导热的特性。通过掺杂，单晶硅的电导率可以很高（>10^5 S·m^{-1}），但热导率也很高（>10^2 W·m^{-1}·K^{-1}），所以不满足高性能热电材料所需。

20世纪50年代，苏联科学家亚伯拉罕·约费（Abram Ioffe）提出了合金化散射理论，也就是说，我们可以给Si找一个好朋友Ge（锗），让它们混在一起，这就类似于把卤水放进豆浆可以做出豆腐一样。由Si和Ge混在一起得到的新材料叫作SiGe（锗硅）合金，它具有很好的电导率，而热导率可以降低到约10 W·m^{-1}·K^{-1}。因此，这种材料可以用作热电材料。

为什么加入Ge之后，会大大降低Si的热导率？

我们可以想象在池塘里玩打水漂的情形。如果池塘水面很平静，我们用石头打出的水波容易从近处传到远处。但是如果池塘里有很多的树桩或露出水面的石头，我们打出的水波就会被树桩和石头阻隔，发生散射，不容易传到远处。

在原子尺度，其基本原理和上述过程类似。也就是在Si材料里加入一些可以产生阻碍的成分，Ge刚好可以胜任。这样原子振动（也就是热能）就不容易从SiGe合金的一端传递到另外一端，其效果就是热导率的大幅度降低。

我们再看看SiGe合金的导电特性。在元素周期表中，Si和Ge属于同一族元素，最外层都拥有4个价电子，这个价电子彼此配对形成共价键，将原子紧紧连接在一起，这其实不利于导电。我们可以进一步在SiGe合金中加入一点磷（P），由于P最外层有5个价电子，它除提供形成共价键所需要的4个电子以外还会多出一个电子，提高导电性能。当P含量在1%左右时，就足够将SiGe合金的电导率提高到10^5 S·m^{-1}的水平。此外，如果在SiGe合金中加入一点硼（B），效果就完全不一样了。由于B最外层只有3个价电子，它除提供形成共价键所需要的3个电子以外还会有一个空位，这个空位就相当于一个带有相反电荷的"电子"，我们把它叫作空穴。同样大约掺杂1%的B后，也可以将SiGe合金的电导率提高到10^5 S·m^{-1}的水平。我们将主要由电子负责电传导的材料（SiGe-P）叫作N型半导体，把由空穴负责电传导的材料（SiGe-B）叫作P型半导体。

当我们把N型或P型热电材料一端加热时，电子或空穴都会从热端扩散到冷端，并形成电子或空穴的浓度差异，产生电压，也叫热电势，其中N型热电材料获得负的热电势，P型热电材料获得正的热电势。当我们把N型或P型热电材料按照图3-8的方式串联起来，就可以获得一个热电器件。当在这个热电器件的两端加上一个温差，就会有源源不断的电能产生，这也就是旅行者号太空飞船实现太空旅行所使用的神奇热电材料。我们期待我国自主研发的核电池能够早日助力我国自主研发的宇宙飞船飞向外太空，带着我们的梦想去探寻宇宙奥秘。

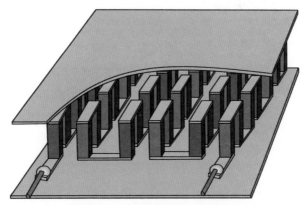

图3-8　热电器件结构示意图

（紫色和绿色的小方柱代表N型和P型热电材料，灰色的小薄片代表铜电极）

除了SiGe合金以外，在同一时期被发现的热电材料还有Bi$_2$Te$_3$和PbTe合金。图3-9是自20世纪中叶以来相继发现的各种新型热电材料，它们分别由不同的化学元素组成，并按照不同结构有序排列。材料科学就通过理论的或经验的规则，把特定元素按照特定、有序结构排列成新材料，实现特殊功能。热电材料与热电器件还可以为电子和通信行业中的芯片提供散热功能。

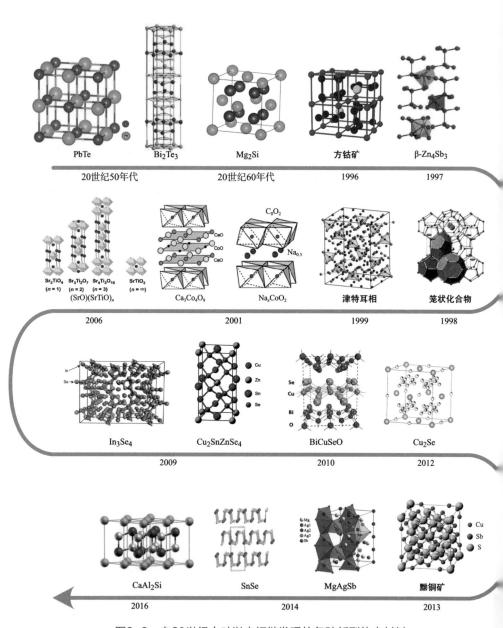

图3-9 自20世纪中叶以来相继发现的各种新型热电材料

南方科技大学的科学家们正致力于新型热电材料的设计，并研发具有高可靠性能的人体体温发电柔性热器件，为医疗康复检测传感器提供持续电源。此外，他们还在研究如何把软软的热电材料制作成未来机器人的皮肤，这样机器人的皮肤就能像人的皮肤一样，不再冷冰，并能够灵敏地感受气温的变化。

刘玮书，南方科技大学材料科学与工程系副教授，北京科技大学博士。曾在美国华盛顿大学、波士顿学院、休斯敦大学、Sheetak公司等院校和企业任职。2019年获得首届腾讯"科学探索奖"。主要的研究方向为热电材料与器件及其在环境能量捕获、可穿戴柔性电子以及电子皮肤等领域的应用。

光子晶体如何产生五彩斑斓的颜色

唐宇涛　靳铭珂　刘昶旭　李贵新

　　湖蓝、草青、枫红、橘黄，大自然中的颜色妙不可言（图3-10）。那么你知道怎么让物体呈现特定的颜色吗?

图3-10　多彩自然

　　白光是一种混合光，包含赤、橙、黄、绿、青、蓝、紫多种波长组分。白光照射到物体表面会呈现不同的颜色，是因为不同波长的光的反射比例不同。调控反射光颜色的方法多种多样。巴黎圣母院的玫瑰窗之所以呈现彩色，是因为玻璃中掺杂着尺寸不同的金属颗粒，由于表面等离激元共振的原理可以散射出不同颜色的光；而树叶之所以呈现绿色，是因为树叶把其他颜色的光吸收了，只把绿色反射出来。

　　古时候，人们就能使用天然染料得到与物质本身不同的颜色。《荀子·劝学》有云："青，取之于蓝，而青于蓝。"但是这要受到大自然的约束，人们并不能随心所欲地创造更为复杂的颜色。随着化学科技的巨大进步，丰富多彩的颜料被合成出来，并进一步用于各类装饰、印刷和包装等行业。

　　与此同时，自然界中亦有着精妙的智慧。例如，蝴蝶的翅膀（图3-11）、变色龙的皮肤、鸟的羽毛、猫眼石等都呈现着神奇色彩。与上述其他调色的方法不同，这些颜色是源于周期性排列的微观结构，其尺寸与光的波长相仿，这种结构化的材料，人们称之为光子晶体（photonic crystal）。

（a）　　　　　　　　　　　　（b）

（c）　　　　　　　　　　　　（d）

图3-11　自然界中的光子晶体：南美蓝色晶闪蝴蝶的翅膀
（a）光学镜头下的蝴蝶翅膀；（b）电子显微镜下蝴蝶翅膀的微观结构；
（c）电子显微镜下蝴蝶翅膀的鳞片45°视图；
（d）电子显微镜下蝴蝶翅膀的鳞片90°视图，细微结构仅有100 nm级别

　　早在1887年，英国的瑞利勋爵（John Rayleigh，1904年诺贝尔物理学奖获得者）就揭示了一维周期性结构的光学特性。光子晶体的概念在1987年由埃利·雅布罗诺维奇（Eli Yablonovitch）和沙耶夫·约翰（Sajeev John）两位科学家提出。根据这类人工结构材料周期排列的方式，我们可以将其分为一维、二维、三维光子晶体（图3-12）。

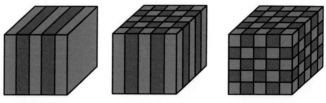

图3-12　人工设计的一维、二维、三维光子晶体示意图

不同物质的折射率不一样。光在经过两种物质的界面时，会发生反射、透射。当两层薄膜的厚度满足特定关系的时候，就可以让某一波长范围的光完全反射回去，从而产生特定的视觉颜色。

从光学的角度来看，光每穿过两层之间的界面时都会发生部分反射，在周期性的多层薄膜里，这许许多多的反射光束一起发生了相互干涉。介质多层薄膜（如二氧化硅、二氧化钛交替的薄膜）对光的吸收通常很小，前向传播的某些颜色的光被反射，也就产生了色彩。利用这类原理，我们可以设计出彩色镜片、彩色水晶首饰等。针对不同电磁波波长，我们还可以设计出反射X射线、红外光，甚至微波的器件。与化学颜料呈现的色彩相比，这类光子晶体结构产生的颜色更加稳定、持久。只要光子晶体的结构本身不被破坏，其呈现的颜色就可以一直稳定存在。

人们有个梦想，几千年乃至万年后，我们的后人依旧能欣赏到我们创作出的彩色作品，而光子晶体或许就是这种理想的材料。

那么，为什么把周期性介质结构称为光子晶体呢？这得从晶体开始说起。

晶体是自然界中很常见的一种物质形态，是固体物理研究的主要对象之一。晶体往往由组成该物质的原子等按一定规律周期性排列形成。例如，食盐的晶体就是钠离子和氯离子交错占领立方体的八个顶点堆积而成；钻石也是碳原子按一定规律密堆起来的。晶体内原子的种类、堆积方式和它们之间的相互作用不同，就导致了晶体性质的千差万别，如导电性、导热性、延展性、机械强度等。

虽然光子晶体是人造的，但是光子晶体中"人工原子"周期性的排列之于光的传播与传统晶体之于电子运动有很多可类比之处。例如，二者都存在禁带、自旋等。因此，光子晶体这一概念作为传统晶体在光学范畴内的类比，就诞生了。

那么，光子晶体的优点和应用是什么呢？

我们日常生活中的材料虽然不太起眼，但其实科学技术的重大突破往往起源于人们对材料性质的深入理解，人类演化史也是材料演化史。

我们的祖先从石器时代一路走来，最初只能应用大自然中的原始材料；之后，人们在实践中不断认识和改造自然，冶炼金属、锻造合金、烧制陶瓷、发明塑料等，材料变得琳琅满目。我们有了更丰富的选择，从而有更大的能力创造新的世界。

自17世纪以来，艾萨克·牛顿（Isaac Newton）、托马斯·杨（Thomas Young）、麦克斯韦等科学家对光的颜色以及如何控制可见光的传播着迷。然而，光学材料加工技术限制了前人对光的颜色控制的自由度。20世纪以来，半导体技术的高速发展，特别是晶体管的发明，将人们带入信息时代，其影响之深远不言而喻。

随着现代纳米加工技术的进步，通过激光3D打印、激光干涉、电子束曝光、离子束刻写、X射线刻写等微纳米加工技术，可以将不同或同种材料按照不同的排列方式（晶体、准晶体）制备成三维空间的光子晶体。我们可以更加灵活地操控光的反射、折射、散射、衍射等特性。目前，光子晶体已经被广泛用于生物成像、光谱学、光全息成像、人脸识别、激光雷达技术、虚拟现实、增强现实等众多光电领域。

光子晶体，借鉴了固体物理中人们对电子行为的控制经验，将极大地增强人们对光子的控制能力，为人工光学材料（artificial photonic materials）可能带来的技术革命奠定重要基础。光子晶体的概念还可以推广到不同电磁波波段，亦可用于设计声子晶体等波动材料器件。

通过光子晶体，我们可以完美地控制一束光，让它沿预定的方向在光子芯片上传输、受调制。可以想象，这或许能够为未来在芯片上进行光计算、光信息传输等提供重要方案。

唐宇涛，南方科技大学－香港浸会大学联合培养博士。2015年本科毕业于哈尔滨工业大学物理系光信息科学与技术专业，2017年于哈尔滨工业大学获理学硕士学位。主要研究方向为非线性光学、以光学超构表面为代表的新型光学器件研发与纳米光子学研究。

靳铭珂，南方科技大学材料科学与工程系博士。2017年于郑州大学材料科学与工程系获学士学位，2019年通过南方科技大学－哈尔滨工业大学联合培养项目，获哈尔滨工业大学材料科学与工程系硕士学位。主要研究方向为光学超构表面的设计与纳米加工。

刘昶旭，德国慕尼黑大学物理系洪堡学者。2008年于同济大学获得学士学位，2010年于美国罗切斯特大学获得硕士学位，2011年于沙特阿卜杜拉国王科技大学获得博士学位。主要从事纳米光学、等离激元、无序光学方面的研究，至今发表论文20余篇。

李贵新，南方科技大学材料科学与工程系副教授，深圳量子科学与工程研究院研究员，香港浸会大学博士。曾于香港浸会大学、英国伦敦帝国理工学院、英国伯明翰大学、德国帕德博恩大学等院校任博士后、研究助理教授等职。研究领域包括光学超构表面、非线性光学等。

聚集诱导发光材料神奇在哪里

闵天亮　李凯

　　光作为生存不可或缺的必要条件，不仅为地球上的生命带来了无尽的能量和温暖，更促进了人类进化和文明发展。在与生俱来的好奇心与执着性格的驱使下，人类不甘心一味地享受自然的恩赐，更想要随时随地获取理想的光，并控制光的行为功能和用途。

　　为了更好地控制光的产生，使其更好地为我们所用，首先要解决如何稳定地控制光源的问题。目前，获取的光源形式主要为激发型光源，通常以输入光能、电能等能量的形式，将发光材料分子提升至高能量态（激发态），之后在富集能量释放的过程中转化为光能。随着科技的发展，发光材料在我们日常生活中的应用越来越广泛，例如以荧光粉为代表的发光材料、荧光增白剂、印刷防伪涂层等。色彩斑斓的荧光材料见图3-13。

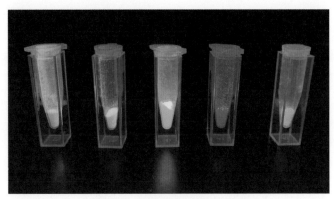

图3-13　色彩斑斓的荧光材料

　　虽然相较于成熟的无机荧光材料，有机荧光材料的应用研究尚处在攻关阶段，但是它有很多不可替代的优点，包括选择范围广、容易提纯、化学修饰性强、结构易于调整、生物相容性好、荧光量子产率高等。因此，其在发光器件、光学传感器、生物监测以及生物传感等方面具有更加广泛的应用前景，从而成为生物医学、物理学、化学以及光电子学等领域共同关注的研究热点。

但是，大部分传统有机荧光分子只有在溶解分散时才能发射强烈的荧光，在聚集或固体状态下，荧光就会显著减弱甚至完全消失，这种现象被称为"聚集导致荧光猝灭"（aggregation-caused quenching，ACQ）。ACQ效应似乎是传统有机发光材料的"阿喀琉斯之踵"，让英雄前行的盔甲黯然失色，成为大规模应用传统有机发光材料最为棘手的问题。

随着在该领域的不断攻关，我国科学家发现并完整提出了一套全新的理论，可以很好地解决ACQ这一历史性难题，该理论即"聚集诱导发光"（aggregation-induced emission，AIE）。AIE理论的出现指导科研人员开发出了许多先进的AIE材料，这些材料即使处于聚集状态或固体状态时，仍然能发出强烈的荧光，而且出现"越聚集，发光越强"的现象。那么，ACQ 和 AIE 到底是什么呢？又是如何发生的呢？为了深入了解这些有趣的现象，我们首先要了解什么是荧光以及它是如何产生的。

1. 什么是荧光？它是如何产生的呢

我们通常所说的发光，是物质将吸收的能量通过光子的形式辐射出去的过程。这个过程可以进一步细分：首先，在一些激发源（如光照、外加电场）的作用下，分子吸收能量，进而从基态跃迁到激发态；其次，分子本身经历构象的变化，或受到其分子环境的作用；最后，分子从激发态跃迁回基态，在这个过程中将吸收的部分能量以光子的形式辐射出来，即发光。在上述过程中，如果分子受到激发后能够马上发出光，而且激发与发射之间的时间间隔小于10 ns，那么发射出来的光就叫荧光，而这种发光分子就叫作荧光材料。

2. 为什么聚集反而会导致荧光消失

在溶液中，许多传统有机分子在低浓度状态下通常发光很强，但在高浓度或聚集（纳米粒子、胶束、固体薄膜或粉末）状态下发光变弱甚至完全消失，这个现象被定义为浓度猝灭效应（concentration quenching effect），这也是更加普适的聚集导致荧光猝灭现象。

ACQ发生的原因主要是强烈的分子间π-π堆积的作用，该现象在大多数传统的有机染料的分子聚集时会表现出来。例如，苝酰亚胺是一种典型的ACQ荧光团，它可溶于水，但不溶于大多数有机溶剂。苝酰亚胺分子溶解在水溶液中发出亮绿色的光，而将不良溶剂逐渐添加到水中时，由于溶解性变弱导致分子聚集，所以它的荧光会逐渐减弱。如图3-14所示，将苝酰亚胺加到不同比例的四氢呋喃和水的混合物中时，随着四氢呋喃比例的逐渐增加，苝酰亚胺的荧光强度出现逐渐减弱的现象，这一现象直观地阐述了ACQ发生的原因。

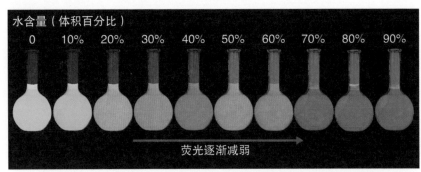

图3-14　苝酰亚胺在不同体积比的四氢呋喃与水混合溶剂中的荧光

尽管研究人员已经采用各种化学和物理的方法或手段（如引入大体积的非芳环或脂肪链修饰等）来降低分子间的聚集，抑制有机发光体的 ACQ 效应，然而最终的效果往往达不到预期。荧光材料中的分子聚集通常只是不完全地被抑制，而且抑制的过程往往是可逆的。另外，在大多数情况下，单分子荧光材料原本优异的光学性能也在物理化学修饰过程中大打折扣。虽然还有科学家提出了一些新的方法，这些方法在特定情况下能阻止发光材料的分子聚集，但由于生产成本高、工艺烦琐，并没有被学界和业界广泛地接纳和采用。

其实，在许多应用场景中，荧光分子通常处于聚集状态或固体状态。即便通过各种物理化学方法可以暂时抑制其聚集，但是又或多或少地增加了成本甚至会削弱荧光材料的性能。值得注意的是，如果我们能够利用荧光分子自发的聚集特性，使其在聚集状态下仍有较高的发光效率，则可以很好地解决ACQ效应带来的负面影响。

3. 聚起来，发光吧

ACQ的出现成为传统有机荧光体在应用时的一个重要瓶颈，无数科学家对其进行了漫长的技术攻关，却没有得到预期的结果。事情的转机出现在2001年，就像许多伟大的发现一样，AIE的出现也源于千万次实验中的一次偶然。唐本忠院士课题组的一位研究人员在实验中发现刚点在硅胶板上的样品在紫外灯照射下没有出现往常的荧光，于是去寻求导师的帮助。奇怪的是，待他们返回实验室时，样品又恢复了应有的荧光。唐本忠没有放过这一偶然的现象，经过小心翼翼地分析，发现原来是开始时样品中仍然带有溶剂，所以不发荧光；而随着溶剂的挥发，样品变成了固体状态，于是发出了明亮的荧光。

经过进一步研究和分析，他们确认这种叫作六苯基噻咯的物质在溶液中呈分散状态时基本不发光，但是当溶解度降低处于聚集状态的时候，该分子则会发出明亮的荧光（图3-15）。这个小小的"反常现象"引起了唐本忠院士的重视，并随后进行了更多、更深入的研究，这个发光材料的新领域也随之展示在世人面前。之后，这种现象被命名为"聚集诱导发光"，而这一偶然中的发现推动发光材料研究进入一个全新的时代。

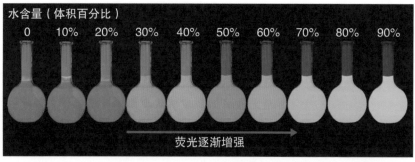

图3-15　六苯基噻咯在不同体积比的四氢呋喃与水混合溶剂中的荧光

4. AIE和ACQ有什么区别呢

光其实就是能量，如果光的能量被其他过程给消耗了，自然就不会发光了。

AIE物质在分子结构上拥有很多单键连接的苯环。在溶液中的分散状态下，单个AIE分子彼此之间距离较远，各个分子之间相互不受约束。在这个时候，分子中的这些苯环可以非常自由地运动（旋转或振动），从而因这些机械运动消耗掉了能量，就发不出荧光了。

当这些物质在聚集状态或者固体状态时，分子之间错落堆积，就使得苯环的旋转或振动受到了限制（图3-16）。分子不能够进行机械运动，这时候能量就需要通过荧光散发出去。

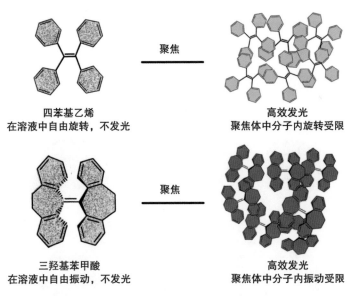

聚焦

四苯基乙烯
在溶液中自由旋转，不发光

高效发光
聚焦体中分子内旋转受限

聚焦

三羟基苯甲酸
在溶液中自由振动，不发光

高效发光
聚焦体中分子内振动受限

图3-16　分子内运动受限原理

5. AIE材料有哪些应用呢

AIE理论由我国科学家首先提出并发表，并且成为领先世界的成果。自从唐本忠院士课题组率先提出该概念以来，全世界有许多研究小组参与了AIE的理论研究和AIE材料的开发，并积极推动AIE体系的发展和丰富。

如今，AIE已经成为一种新型的先进材料，广泛应用于各种领域中（图3-17），表现出优异的性能。其中，AIE材料用于开发有机发光二极管（OLED），实现优异的发光性能，是其最有前景的应用之一。同时，由于AIE材料自身具有聚集状态下增强发光的性质，因此其也是非掺杂OLED器件的理想发光材料。此外，AIE材料在生物传感应用方面也有巨大潜力，例如，通过制备应用于某种生物分子传感的荧光探针，可以实现对特定疾病的监控。由于AIE材料在聚集态具有很强的抗光漂白性和生物相容性，这使其有望成为良好的生物成像材料，用于细胞或亚细胞结构的标记。而且，AIE材料还有望用于许多复杂的诊断和治疗领域，例如干细胞示踪、癌症中的治疗一体化以及细菌感染的光动力治疗等。随着AIE理论体系的丰富，越来越多的AIE材料在各种复杂的应用场景中起着不可或缺的作用，而其广阔的未来发展前景也越来越值得期待！

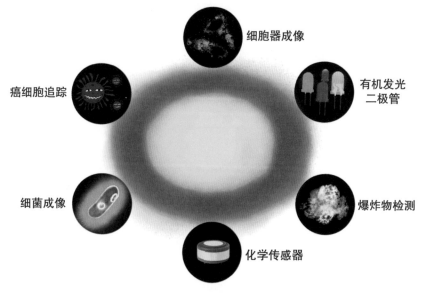

图3-17　AIE材料的应用

闵天亮，南方科技大学-哈尔滨工业大学联合培养硕士研究生，导师为李凯副教授。主要研究方向为小动物模型的构建，新型光学探针在生物医学中的应用。硕士期间以共同第一作者身份在*Angew. Chem. Int. Ed.*上发表论文2篇，并先后荣获2019年硕士研究生国家奖学金、2020年南方科技大学优秀硕士毕业生等荣誉。

李凯，南方科技大学生物医学工程系副教授，中国生物材料学会影像材料分会委员，新加坡国立大学博士。主要研究方向为新型分子探针与纳米探针的开发及其在生物医学中的应用。

隐身衣是用什么做的

邵理阳　柳钰慧

　　很多人在看《哈利·波特》的时候都幻想过可以拥有一件像哈利·波特一样的隐身衣。事实上，科学家们早已制造出可以不被光波或声波等检测到的装置，达到了"隐身"的效果。

　　大家仔细看，图3-18中的金鱼是消失了吗？

图3-18　金鱼"隐身"实验

　　其实金鱼并没有消失，只是科学家们让它在你的视线里"隐形"了。这是浙江大学陈红胜教授课题组于2013年发表在*Nature Communicate*上的工作成果[38]。一个装置被放置在水缸中，这个装置由两种不同折射率的玻璃构成，通过这个特定的结构我们可以在右侧清楚地看到左侧的水草，而与此同时又可使钻入装置中心小孔的金鱼不被发现。

对光波传播的操控，是金鱼"隐身"实验中做到金鱼"隐身"的关键（图3-19）。而超材料，一种可以通过设计微观结构得到的材料，本身就可以实现对光的操控，从而达到隐身衣的效果。2006年，史密斯教授及其在杜克大学的科研小组设计、制造出著名的"隐身大衣"[39]，并且实验证明取得成功。

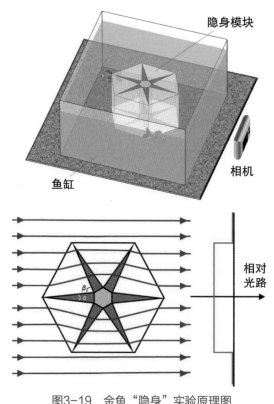

图3-19　金鱼"隐身"实验原理图

2009年又出现了宽频带的隐身衣。隐身衣也是近年来出镜率最高的超材料应用，当然，超材料的应用不限于此。

说到超材料，我们首先要了解什么是超材料。

超材料的英文名称是metamaterial，其前面四个字母是表达"另类、超出"含义的拉丁语词根。科学家通常以"具有一般天然材料所不存在的超常物理性质的人工复合结构或材料"来定义超材料。正常情况下,当一束光斜射向水面,入射光和折射光会在法线两侧对称分布。但是,如果某种人工材料具有负折射率,这种光学规律就不起作用了。对于这种特殊的材料,我们称之为"超材料"。

但实际上,到目前为止超材料还没有统一的定义,我们可以根据以下特征做出判断:是否具有新奇人工结构的复合材料;是否拥有一些不同于传统材料的非凡的物理性质;这些超常的物理性质是否又取决于新颖的人工结构;这些人工结构是否包含单元结构和复合结构两个层次。

其实早在1968年,苏联理论物理学家维克托·菲斯拉格(Victor Veselago)就发现,如果一个材料的介电常数和磁导率都为负值,则它将拥有与常规材料不同的电磁学性质。于是他在理论上预测了上述"反常"现象[40]。但是在20世纪60年代,科学家缺乏实验验证设备,且功能材料才刚刚发展,还无法撼动传统材料设计思想。因此,人们对菲斯拉格的发现未予以高度重视。

传统材料的设计思想存在固有局限,且高性能化对于稀缺资源又有着强烈的依附性,此时,如何进一步提升综合性能便成为一大严峻挑战。如果开辟一条材料设计本身革新的新思路,一些问题将迎刃而解。于是,人们重新将视线聚焦于菲斯拉格对超常规材料的预测。

2001年,美国加州大学圣迭戈分校的史密斯教授等人在实验室制造出世界上第一个负折射率的超材料样品,并实验证明了负折射现象与负折射率[41]。2002年,来自加拿大多伦多大学乔治·埃列夫特利亚德斯(George Eleftheriades)教授的团队和来自美国加州大学伊都达雄(Tatsuo Itoh)教授的研究团队几乎同时发明了一种基于周期性LC网络来实现超材料的新方法。

半导体材料的出现,让科学家实现了对电子的自由操控,这是科学史上的重要一步。如果我们可以做到对电磁波的自由调控,这对于太阳能产业,通信产业,探测、隐身等众多行业将会产生深远的影响。而电磁超材料首次做到了这一点。

众所周知，黑洞可以吸收所有的光。电磁波的本质就是光波，如果一种物质能够高效地吸收电磁波，我们就把它称为"电磁黑洞"。这个材料的诞生不仅解决了实验室难以模拟和验证基于引力场黑洞的问题，还使得许多方面的实际应用更新换代：光热太阳能电池的技术得到发展，红外热成像技术信号探测能力大幅提高，航空航天、海军舰艇、人造卫星、国家安防等技术得到提升。

还有一种超材料，它能够让电磁波减速，甚至停止，我们称它为"慢波结构"。它可以使非线性效应获得高度提升，有利于光电技术不断进步，同样在太阳能发电、高分辨红外热成像、光缓存和光波导等方面得到大范围的应用。

超材料透镜是一种可实现高定向性辐射的电磁材料[42]，可用于制造先进的透镜天线、新型龙伯透镜、小型化相控阵天线、超分辨率成像系统等[43, 44]。超材料透镜原理见图3-20。

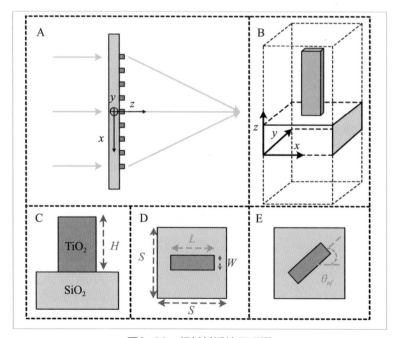

图3-20　超材料透镜原理图

在传统材料的加工中，为了提升材料性能，通常会加入一些稀缺元素，这又增加了成本并提高了加工难度。如果我们能把超材料设计思想引入常规材料设计，会显著提升材料的综合性能，同时避免过多应用稀缺元素，避开现有资源缺陷带来的难题，有望实现现有材料产业的结构升级，为传统材料产业设计指明新方向。例如，为了提升性能，常规磁材料通常会加入钕、铬、镍等稀缺金属。但是，即使不用这些稀缺金属，而是让两种传统材料（常规软磁和硬磁材料）通过巧妙的特定空间排布方式复合，也能达到提升性能的效果。这种新颖的材料结构具有特殊的物理性能，对实现重大军事突破、创造民生用品的新兴材料都有重要价值，从而可提升和引领高端产业发展。

目前，超材料研究属于材料学的最前沿热点之一。其设计理念在多个学科领域已经产生深远影响，包括新一代信息技术、微细加工技术、国防工业、新能源技术等。为此，各个发达国家和地区开始投入大量的人力和物力，在超材料技术研发领域进行角逐，以期占领这一领域的制高点。例如，美国国防部特别开展了有关超材料的研究；欧盟投入大量资金并集合众多该领域知名科学家来共同专注于超材料；日本更是在全国经济不景气的情况下仍坚持对超材料项目的资助。

面对这种国际大趋势，我国同样对超材料研究予以高度关注。在"863计划""973计划"、国家自然科学基金等国家级科技计划中予以立项支持，并取得显著进展。自适应超材料是一个激动人心的研究领域。2020年3月，浙江大学陈红胜教授团队在光学顶尖期刊发表了这一研究领域的成果。这项研究显示，人工智能与电磁超材料的结合可使智慧隐身系统得以实现，它能够根据外界环境与刺激做出相应改变。超材料的研究比我们想象的要复杂得多，我们还需要从不同角度对其进行更进一步的研究，例如，超材料的工作频段和方向控制，超材料的产业化发展，新型超材料及其功能的设计、性能优化和相关模拟仿真方法，以及不同超材料之间的相互作用等。

人类发展史，其实也是材料的发展史。材料进步极大地推进了人类文明的发展进程。超材料的出现，为人类发展打开了一扇新的大门，前景不可限量！

柳钰慧，南方科技大学和香港理工大学联培博士研究生在读。2019年本科毕业于南方科技大学电子与电气工程系光电信息科学与工程专业。主要研究方向涉及微流控、表面增强拉曼散射、全无机钙钛矿量子点合成，以及液晶器件制备等。

手性的本质是什么

徐晨

我们先来看一个日常生活中常见的现象：左手和右手形状类似，但又完全不同。到底哪里不同呢？原来左手和右手互为镜像，它们是不可重叠的。早在19世纪，科学家就根据人类手的这种特性，定义了"手性"这个词（英文：chirality，来源于 *cheir*，是希腊语中"手"的意思）[45]。

手和手套自身没有对称面，因此都是手性的（图3-21）。"手性"这个词不仅仅局限于描述手和手套，任何物体只要有手的这种性质，就可称为手性物体。像网球拍和羽毛球拍这样自身具有对称面的物体，我们称之为非手性物体（图3-22）。

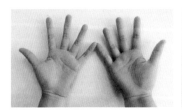

图3-21　手和手套的手性特质

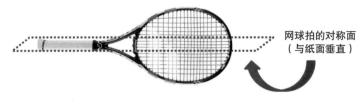

网球拍的对称面
（与纸面垂直）

图3-22　非手性的网球拍

随着科学的发展，手性这一概念被运用到不对称的分子中，从而引出了"手性分子"的概念。所谓手性分子，即各种基团或原子在空间分布的几何形状不具有对称轴的分子。

20世纪中叶，英国有机化学家克里斯托夫·英果尔德（Christopher Ingold）通过人为地设定一些化学基团的优先顺序，提出了判断手性分子的R/S构型标记法，随后该标记法被化学家广泛接受并写进教科书[46]。我们来举个例子，如图3-23所示，碳原子连接着四个空间尺寸不等的基团，将空间尺寸或优先次序最低的基团放在距观察者最远的位置，再将其他三个基团按照优先次序排列，若三者排列呈顺时针方向，则标记为R构型；若为逆时针方向，则标记为S构型。很显然，R构型与S构型的分子就如同我们双手一样呈现镜面对称。

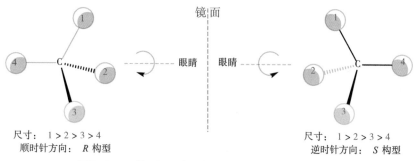

图3-23　R构型和S构型的分子属于一对对映异构体

手性分子有很多特殊的性质可以被我们利用。例如，它们具有旋光性（optical activity），即其能使圆偏振光的偏振面发生偏转。分子旋光现象由法国物理学家让·毕奥（Jean Biot）于1815年首次发现[46]。这一现象使分子手性的定义上了一个新台阶，并促进了近代立体化学和不对称合成等学科的兴起和发展。

关于R/S构型标记法，化学基团"优先次序"的确定具有很大的人为倾向性，并不具备相关的物理意义。但是，自手性的原始定义提出以来，过去百余年间没有被质疑。教师在课堂上向学生传授手性概念时，通常会引用宏观世界里的手性现象——例如教室窗外的树的形态——来类比微观量子世界里的分子手性（图3-24）。这看起来是让学生易于理解，但是却混淆了宏观世界和微观世界的物理法则。基于纯粹的几何或尺寸效应来考量手性显然是有局限性的，因为它并未揭示分子手性的电子效应本质。

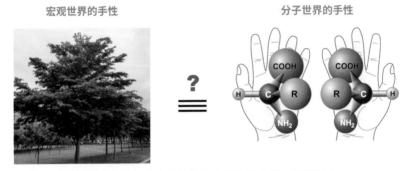

图3-24　宏观世界和分子世界的手性是一回事吗？

那么微观量子世界中分子手性的电子效应内涵究竟是什么？手性分子的静态旋光性和动态相互作用究竟遵从什么物理法则？探索这些耐人寻味的问题或许有助于科学家揭示分子"手性"的本质。

关于分子手性本质的探索可以追溯得很远。事实上，人们一直致力于将手性分子的旋光活性与其结构关联起来。早在1827年，法国物理学家奥古斯丁·菲涅耳（Augustin Fresnel）就指出："如果一个手性物质对左右圆偏振光具有不同的折射率，那么该手性物质必须具有螺旋的手性微观结构"；美国理论化学家詹姆斯·布鲁斯特（James Brewster）于1967年指出："对于所有已知的手性分子，其分子中的电子运动被限制在螺旋轨道上，从而产生旋光性"。

尽管有上述重要进展，但长期以来，手性分子的螺旋性并没有引起应有的重视，这主要有两方面的原因：①从事手性研究的有机化学家们通常注重试验实践而轻视数理理论，普遍对物理和理论学科的进展缺乏敏感和重视；②在很多常见的手性分子中，似乎缺乏任何螺旋电子结构存在的直观证据。

传统认知的分子手性有以下几种形式：中心手性、轴手性、面手性、螺旋手性等，且螺旋手性通常只被认为是分子手性的一种"特殊形式"[47]。但在自然界中，螺旋结构实际上是最普遍且最常见的一种手性形式，例如宇宙里的星际涡旋、天空中的云卷、攀缘植物、贝壳、手扶楼梯、DNA双螺旋结构、比目鱼、龙卷风、发旋、蛋白质的折叠螺旋结构等（图3-25）。可以说从宏观世界到微观世界，螺旋无处不在。因此，微观层面分子的手性是否也普遍具有螺旋特征，值得深入研究。

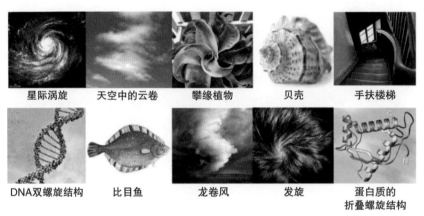

星际涡旋　　天空中的云卷　　攀缘植物　　贝壳　　手扶楼梯

DNA双螺旋结构　　比目鱼　　龙卷风　　发旋　　蛋白质的折叠螺旋结构

图3-25　自然界中无处不在的螺旋结构

我国化学家王智刚博士于2004年以系列论文的形式发表了分子手性的电子螺旋新理论[45, 48, 49]，并进一步阐述了手性分子相互作用过程中的螺旋不对称性守恒原理（conservation of helical asymmetry）。他发现所有结构形式的手性分子均无一例外地含有电子微螺旋结构，因此手性即螺旋性。结构纷繁的分子手性可以在螺旋性的基础上统一起来，可以把它简化为只有两种可能的形式，即右手螺旋和左手螺旋。螺旋性不仅不是传统观念认知的"一种特殊的手性形式"，反而恰恰是手性唯一和最普遍的形式。简而言之，手性就是螺旋性，二者是完全等价的，这给我们理解和分析手性分子及其立体化学行为提供了便利。

笔者的研究领域为螺旋电子理论指导的不对称催化。

　　不对称催化是现代化学最前沿的研究主题之一，近半个世纪以来，该领域取得了突飞猛进的发展。但是前人研究大多依靠试错和传统的组合化学筛选方法，效率低，对现象的本质缺乏深入研究。如果我们能够正确理解手性的本质，就可以精确设计反应所需的手性配体，进而快速获得成功的不对称催化。我们相信，现有的研究成果已经为我们将来进一步的发展和占据领先地位奠定了坚实的基础。

　　徐晨，南方科技大学化学系助理教授，北京大学博士。主要从事天然产物全合成、不对称催化等领域的研究，在发展简洁高效的合成策略以及设计合成高效金属催化剂等方向有丰富的研究成果。

自由基如何推动手性研究

刘心元

　　自然界特别喜欢对称性，如蝴蝶的一双翅膀、含羞草的叶子以及人的两只手掌等。伸出手掌，对合，左右手就会完全重合；或者去照照镜子，你的左手刚好和镜子里的人像的右手重合。我们把这种有趣的镜像对称关系叫手性[50]。除了这些看得见的宏观物体，分子层面也具有这样的性质。例如，互为手性的两个分子也必须对折过来，才能重合。

　　有机分子通常由碳元素手拉手连成骨架，然后通过化学键再连接其他元素。虽然成分相同，但当连接方式不同时，就会产生手性分子（图3-26）。两个互为镜像的手性分子构成一对对映异构体，由于它们在原子组成上完全一致，通常其物理性质和化学反应性能十分类似。为了区分双胞胎似的对映异构体，我们可依据手性分子的光学特征把它们分为右旋体和左旋体。

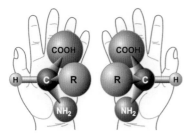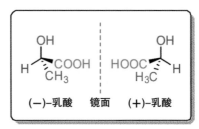

图3-26　手性与镜面对称

　　手性是自然界的基本属性。生物体内许多大分子化合物，如蛋白质、多糖、核酸和酶等几乎都具有手性。手性化合物在人类的日常生活中扮演着重要的角色，尤其是在医药领域。当前，世界上使用的手性药物占药物总数的一半以上，在通常使用的200种临床药物中，手性药物多达114种。大部分手性药物分子（图3-27）通常只在有某种构型的对映异构体时才有活性[51]。例如，20世纪五六十年代孕妇使用的抗妊娠反应药沙利度胺（俗称反应停）有两种不同构型的对映异构体，但只有右旋异构体有镇静作用；左旋异构体的多巴可用于治疗帕金森综合征，而右旋异构体的多巴没有药理作用。说得通俗点，就是一把钥匙开一把锁，钥匙和锁芯不配对，怎么也打不开锁。

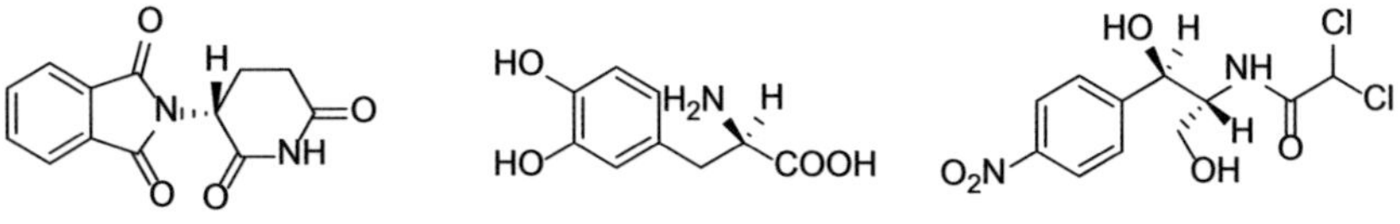

(R)-镇静剂　　　　(L)-多巴　　　　(R)-氯霉素

图3-27　手性药物分子

　　当前，天然手性化合物无论从种类上还是数量上都已远远不能满足人类的需求，而利用化学方法制取手性化合物提供了有效的解决方案[52]。因此，如何高效地、高选择性地用化学手段合成我们所需的手性化合物，是一个前沿的科学问题。

　　与传统化学合成方法相比，不对称合成显示出独特的优势。在化学反应过程中，常常需要催化剂，它们就像摆渡车一样，可极大地提高反应速率。所以，要想通过化学过程生产手性化合物，就需要找到合适的手性催化剂。这个过程就好比握手时，当你伸出右手，对方用右手的效果要比左手好，而你的右手就起到了类似于手性催化剂的作用（图3-28）。近几十年来，一大批优秀的科学家在该领域取得了重大的突破。因在不对称催化领域做出了突出的贡献，威廉·诺尔斯（William Knowles）、野依良治（Ryoji Noyori）和夏普莱斯（Karl Sharples）3位化学家在2001年被授予诺贝尔化学奖。

图3-28　不对称催化

　　不对称催化合成研究现在依然处在方兴未艾的发展阶段，许多与手性相关的科学问题还有待解决[52]。例如，大多数的手性催化剂只对某种类型的反应或底物有效，没有较好的普适性；另外，多数手性催化剂还存在着稳定性不高、难以回收和重复使用等不足。因此，发展新型、绿色、高效、稳定的手性催化剂以及建立广泛适用的催化体系是不对称催化研究领域面临的新挑战。

　　为了解决这一难题，科学家把目光聚焦到自由基反应。自由基在化学上也被称作游离基。化合物之间的化学键断开时，一般形成两个离子，金属离子会把电子传递给非金属离子，其中一个带正电荷，另一个带负电荷。比如食盐中的主要成分氯化钠，在水中溶解后就形成钠正离子和氯负离子。然而，在某些特殊情况下，二者把共用电子均分了，就会形成含单电子的自由基。

　　自由基反应具有高活性、反映条件温和性以及高效性等特征，可以高效构建材料、药物或天然产物分子[53]。自由基有多种产生方式，如自由基引发剂、过渡金属催化及光、电、热、微波的引发等。

　　但正因为自由基具有高反应性和不稳定性，使得其参与的反应通常难以被有效控制。实现有效调控自由基的转化过程仍是当前有机合成的一大难点、热点。近年来，过渡金属催化的高对映选择性自由基反应得到了巨大的关注，并涌现出了许多重要研究成果[54, 55]。

　　通过过渡金属催化控制立体选择性主要有三个策略：手性金属配合物螯合、手性金属配合物与自由基结合并发生还原消除、手性金属配合物外层被自由基中间体取代。

发展简洁、高效、实用、经济的催化体系，以实现对一些手性药物的绿色合成是化学家们追求的目标。自由基反应具有极高的转化潜力，目前对其应用的研究才刚起步，未来具有十分光明的应用前景。因此在自由基参与的不对称化学领域中，设计、发展新的手性催化体系和催化模式，不仅可以为手性的天然产物、药物和材料的不对称合成提供新方法、新策略，而且还将促进我国不对称催化、不对称合成化学的发展，提升我国在手性化学研究领域的国际地位。

刘心元，南方科技大学化学系终身教授，香港大学哲学博士。先后在香港大学和美国斯克利普斯研究所（The Scripps Research Institute）从事博士后研究。曾获得日本化学会杰出讲师奖（Distinguished Lectureship Award），国家自然科学基金优秀青年基金。主要围绕"自由基参与不对称化学"领域开展系统的研究。

DNA如何从生命密码发展为智慧材料

田雷蕾

量子基石篇

电子与信息篇

材料与化学篇

生命与科技篇

地球与环境篇

理论物理学家薛定谔在其著作*What is Life*一书中首次提出遗传物质就是生命体内的某种分子[56]，这个思想影响了整整一代的生物学家。今天我们已经知道这种分子就是脱氧核糖核酸（DNA），它是我们生命的蓝图，决定了你是谁、你长什么样、你用哪只手写字、你会不会卷舌头等。DNA分子并不特别复杂，但是就像音乐中的7个音符，英语中的26个字母，简单的元素组合在一起却能创造出无限种可能。

地球上动物和植物的遗传物质在分子水平上没有任何差别，都由DNA组成，这证明它们有共同的起源。作为高等生命——人类，其基因和黑猩猩有99%的相似度，和香蕉的也有50%的相似度，那么DNA是如何创造这么多差异巨大的物种的呢？

组成DNA的脱氧核苷酸有4种，每种都有一个特定的碱基，这4个碱基分别是腺嘌呤（A）、鸟嘌呤（G）、胞嘧啶（C）、胸腺嘧啶（T），它们通过共价键连接组成串（单链结构），进而通过配对组合（如A-T和G-C）形成双螺旋结构。这种结构非常稳定，遗传信息能够在漫长的岁月中精确地代代传递。

我们以20个核苷酸长度的DNA为例，不同的序列排布可能产生4^{20}种组合。人类细胞染色体内的DNA拉直后有2 m长，里面存储的信息量更是无法想象的天文数字。我们和黑猩猩的外表差别很大，但这只是由1%的DNA决定。可见DNA是一种既能存储多样化信息又能保证精确性的神奇分子。

DNA有很多用途。1988年人们第一次利用DNA分析技术破获了凶杀案，1994年FDA（美国食品药品监督管理局）认定了第一个转基因蔬菜，1997年第一只克隆羊出生。但DNA真正成为一种材料是从30多年前开始的，当时纽约大学的一位年轻教授纳德里安·西曼（Nadrian Seeman）正在从事蛋白质结晶成像的工作，这项研究异常艰苦，常常失败。一天这位教授去酒吧喝酒解闷，偶然看到了一幅荷兰艺术大师莫里茨·埃舍尔（Maurits Escher）的木刻雕版画，画的内容很抽象，是一群飞鱼，所有鱼的头尾、左右、上下姿势全都一样。这幅画在晶体解析专家西曼教授的眼里就是一个三维的中央镂空的立方晶格，于是一个大胆的想法在西曼教授的脑海里形成了——利用DNA构建立方晶格，并且在晶格上捕获蛋白质分子，让这些蛋白质分子全都按照一个方向排列整齐，帮助蛋白质结构的解析。

西曼教授的研究开启了材料学领域一个新的分支，也就是后来大名鼎鼎的DNA纳米技术[57]。西曼教授利用DNA组装技术，制备出很多复杂的纳米结构并获得了理想的单晶数据，但是人们一直争议这到底是科学还是艺术，是游戏还是研究。2006年美国加州理工学院的一位科学家保罗·罗斯曼（Paul Rothemund）和他的同事们发明了一种叫作DNA折叠（DNA origami）的技术。他们从一段序列已知的病毒基因组出发，利用计算机模拟设计了250条短链的"订书钉"DNA，这些"订书钉"DNA可将长病毒基因固定成任何想要的形状[58]。DNA折叠技术是现有的可在纳米尺寸实现的最精确的结构控制技术（图3-29）。

1. DNA纳米精确调控

近年来，DNA的编码特性被越来越多地用于构筑复杂且具有功能性的纳米结构的物体。一方面，DNA origami技术不断发展，中国科学家钱璐璐用DNA精准组装出纳米尺度的中国地图，利用这一技术第一次实现了不对称二维结构的构筑[59]；随后DNA组装也逐渐从二维平面拓展到三维结构，例如科学家库尔特·戈特尔夫（Kurt Gothelf）等人成功制备了三维DNA盒子，该盒子可以在"DNA钥匙"的作用下可控打开［图3-29（a）］[60]。另一方面，DNA具有精确的寻踪性，可用于组织及控制其他材料的相对位置。由于DNA origami模板中每个"订书钉"链都可延伸出特定的锚定序列，此特性可用于其他功能材料的可控修饰，例如借助DNA模板组装金属纳米颗粒、蛋白质等功能单元，这类研究不但对解析纳米材料聚集结构与功能之间的关系具有重大意义，也可用于开发具有可控功能性的新材料。例如利用DNA模板设计酶反应器，除了可控制底物和酶的作用方向，还可通过拉近各个反应物的距离来提高酶的反应速率［图3-29（b）］[61]。

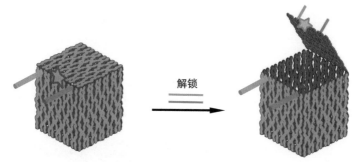

两个基因锁同时打开，指示剂就亮了

（a）

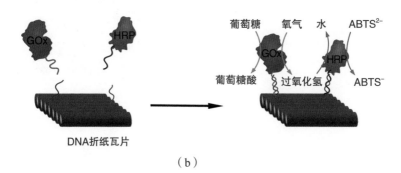

（b）

图3-29　DNA折叠技术的应用

（a）三维组装；（b）指导其他材料自组装

2. DNA水凝胶

刺激响应性是DNA的另一重要性质，例如在pH、温度、光、酶、核酸等外界环境的刺激下，具有相应功能的DNA序列会敏感地做出构型的改变，因此基于这种特性，DNA被广泛用于智能水凝胶的设计和制备。DNA水凝胶由于具有丰富而敏感的响应特性，在药物输送、力学敏感材料、传感器、信息处理等领域引起了人们广泛的研究兴趣。近期，美国约翰霍普金斯大学的研究者以DNA为交联中心制备了聚丙烯酰胺水凝胶，以"发夹DNA"分子作为驱动力，通过DNA链置换及杂交链式反应，制备了能够精确调控的、具有多级响应性的水凝胶材料，水凝胶的溶胀率可以达到100倍。利用这种DNA水凝胶构筑的"花朵"和"螃蟹"，在相应"发夹DNA"的驱动下具有了生命力，"花朵的花瓣"可以随风舞动开合，而"螃蟹"则可以张牙舞爪（图3-30）[62]。

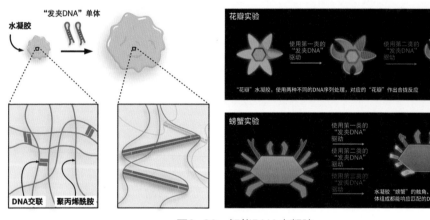

图3-30 智能DNA水凝胶

3. DNA智能药物

最近中国科学院国家纳米科学中心和亚利桑那州立大学的华人科学家团队开发了全世界首个完全自主地精确给药、靶向治疗的DNA机器人系统（图3-31）[63]，入选2018年度中国科学十大进展。每个纳米机器人由一个平面的DNA纳米组装体构成，其上搭载四个凝血酶分子后卷成空心管，将凝血酶分子包裹在管内，防止凝血酶在到达肿瘤血管前暴露目标。纳米机器人通过静脉注射进入体内，它可高效识别肿瘤血管内皮细胞上高表达的核仁素，进而驱动管状结构解体释放凝血酶，形成把血管阻断的巨大血栓，从而饿死肿瘤组织。这一研究为癌症精准治疗提供了最佳的平台和材料体系，受到了国内外的广泛关注。

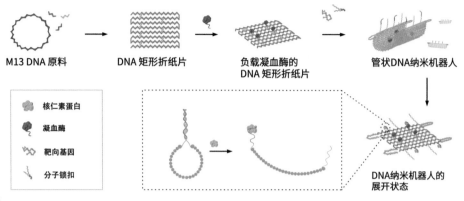

图3-31　自主精确给药的DNA机器人系统

综上所述，具有高特异编码特性的DNA不但导演着生命的繁衍和进步，也逐渐走进了材料设计的领域，赋予纳米材料以智能性和生命力。这种简单而独特的分子还有许多未知的特性有待我们去探索和开发，但可以预见，以DNA为纽带可帮助我们在未来创造出更多更有生命力的材料，完成材料智能化的革新。

田雷蕾，南方科技大学材料科学与工程系副教授，吉林大学博士。2008—2014年先后在美国南卡罗来纳大学、美国克莱姆森大学和美国芝加哥大学从事博士后研究工作。主要研究方向为开发生物医用有机功能材料，侧重于基于功能核酸的生物传感、细胞成像、癌症治疗的纳米材料设计开发，以及有机发光材料的超分子调控及癌症诊疗应用。

神奇的液晶智能窗是怎么造出来的

罗丹

　　随着社会的发展，人们对美好生活的向往表现得更加强烈，为满足人们的需求，各种自动化、信息化、智能化设备层出不穷，如智能手机、智能家居、机器人、无人驾驶等。人类对科技的不断探索，大大方便了人们的吃、穿、住、行，使人们的生活品质不断提高，智能终端产品在这中间起到了举足轻重的作用。

　　想一下，当你有一天住着大房子，卧室里有大大的落地窗，早上睡到自然醒时，窗外射入一缕温暖的阳光，窗户上显示时间和今日温度，然后你起身隔着大大的落地窗向远方望去，满怀希望地开启新的一天。你开着安装有节能型智能窗的轿车安全、舒适地抵达工作单位，走进宽敞的办公室。当你需要处理个人事务时，旁边的智能玻璃自动调光，变为模糊状态（外面无法看到室内），让你尽享私人空间。办公室的写字楼外墙也装满了节能型智能窗，可为单位节约电费。当出差坐飞机时，尤其是长途旅行，白天飞机外的光线特别刺眼，装有智能窗的飞机根据个人喜好调节入射光的强度，让你可以尽情欣赏飞机外面的景色。忙碌地工作了一天，回到家最想做的就是泡个澡，此时的浴室玻璃变为模糊状态，让你与外界隔离，很好地保护个人隐私，你一身的疲惫也随着水流流走。回到卧室，大大的落地窗自动调节光线，避免外界的光打扰你的美梦。

　　智能窗紧密伴随着我们一天的生活，大大提高了我们的生活品质，然而，什么样的智能窗才能实现这么多功能呢？聪明的人类找到了一种液晶材料来制作智能窗，称为液晶智能窗。那液晶智能窗又是如何实现这么多功能的呢？下面让我们慢慢来了解吧！

在了解液晶智能窗如何实现模糊状态前，我们先来了解一下光的散射。光线通过不均匀介质时一部分偏离原来的传播方向，当不均匀介质的厚度逐渐增大时，沿直线传播的光线越来越少，如图3-32所示，此时在光线传播的另一方观看，将很难看到对面的物体。在日常生活中也经常可以看到这种现象：当取一杯清澈的温水来泡奶粉时，可以发现随着奶粉量的增加，清水变得越来越浑浊。光的散射有很多种，人们习惯从光频率是否改变的角度将其分为两大类：弹性散射和非弹性散射。所谓弹性散射是指光的波长不会发生改变，例如米氏散射、瑞利散射等。而非弹性散射即指散射前后光的波长发生了改变，例如拉曼散射、布里渊散射、康普顿散射等。

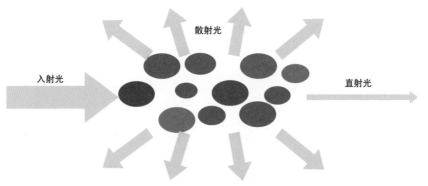

图3-32　光通过不均匀介质时发生散射现象

液晶就是一种兼具液体的流动性和晶体的各向异性的特殊物质。由于液晶材料具有各向异性的特点，也就是在不同的方向上，液晶的光学性质也不同，所以当光通过一个长棒型的液晶分子在一定范围内取向一致的器件时，它就表现为一个具有双折射率的单轴晶体，表现为均匀介质；当长棒型的液晶分子取向不一致时，它就表现为一个具有双折射率的散射体。

液晶分子的取向很重要吗？答案是肯定的。有了这样的光学各向异性，我们就可以利用外加电场，改变液晶分子的排列方向，从而改变液晶分子取向，最终实现对光的动态调控。

聚合物分散液晶（PDLC）是我们生活中最为常见的一种智能窗（图3-33）材料，它是将低分子液晶与预聚物相混合，在一定条件下发生聚合反应，形成微米级的液晶微滴，这些微滴均匀地分散在高分子网络中，再利用液晶分子的介电各向异性获得具有电光响应特性的器件。PDLC主要工作在散射态和透明态之间并具有一定的灰度。液晶分子赋予了PDLC智能窗显著的电光特性，使其受到了广泛的关注，并有着广阔的应用前景。在无外加电压的情形下，液晶分子的光轴取向随机，呈现无序状态，其有效折射率n_0不与聚合物的折射率n_p匹配，使入射光线被强烈散射，液晶智能窗呈不透明或半透明状；当施加外电压时，液晶分子的光轴沿着电场排列，液晶分子的寻常光折射率与聚合物的折射率基本匹配，无明显界面，构成了一个均匀的介质，所以入射光不会发生散射，此时液晶智能窗呈透明状。

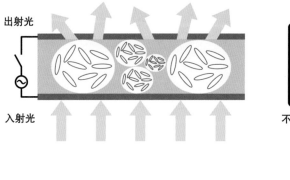

不透明状的液晶智能窗

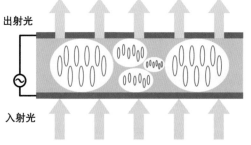

透明状的液晶智能窗

图3-33　聚合物分散液晶智能窗工作原理

除了上述的PDLC智能窗以外，常见的还有一种聚合物双稳态液晶智能窗，这种液晶智能窗与PDLC智能窗相比具有明显的优势，例如节能（无须电压维持）、隔热等。

那么聚合物双稳态液晶智能窗又是如何实现节能和隔热的呢？

聚合物双稳态液晶智能窗的材料主要由胆甾相液晶（图3-34）和聚合物组成。胆甾相液晶可由向列相液晶通过掺杂手性剂得来，此类液晶分子呈扁平状，排列成层，层内分子相互平行，分子长轴平行于层平面，不同层的分子长轴方向稍有变化，沿层的法线方向排列成螺旋状结构。这样一来，胆甾相液晶就具有了周期性变化的折射率，也因此被称为一维光子晶体。简单地说，光子晶体具有波长选择的功能，可以有选择地使某个波段的光通过而阻止其他波长的光通过。自然界也有许多天然的光子晶体存在，例如蝴蝶翅膀、花瓣、甲壳虫外壳等，利用胆甾相液晶的光子晶体特性，我们可以将部分光反射出去，禁止其进入。在智能窗领域，主要将胆甾相液晶的反射光波段设置在红外线区域，这样一来就可以阻止红外线的进入，从而实现降低室温的功能。

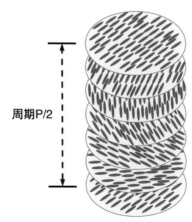

周期P/2

图3-34　胆甾相液晶分子示意图

接下来简单地介绍一下聚合物双稳态液晶智能窗的工作原理（图3-35）。胆甾相液晶处于平面织构态（P态）时，智能窗呈现透明状，此时智能窗相当于普通玻璃，同时它还能反射红外线，具有降低室温的功能；当给智能窗一个低频脉冲电压时，处于平面织构态的胆甾相液晶分子瞬间转换为焦锥织构态（FC态），此时，液晶分子在器件内部混乱排列，使光在器件内部被散射，从而实现了模糊的功能，故智能窗呈现为模糊状态。

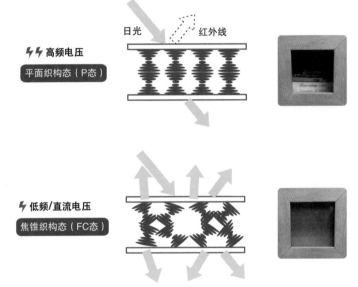

图3-35　聚合物双稳态液晶智能窗工作原理

如今，节能建筑、汽车以及医疗保健行业对智能玻璃的需求越来越旺盛。智能玻璃全球市场规模正以20%的复合增长率快速扩展，预计2020年底将达到58.14亿美元。我国未来几年智能玻璃的市场规模也将大幅增长。总之，液晶智能窗在节能建筑、医疗、汽车、航天等领域具有非常广阔的应用前景，有可能成为未来光电产业领域的一个新的蓝海。

锂离子电池是什么

张文清　高健

电动汽车，简单来说就是以电动机取代内燃机来驱动行驶的汽车。普通汽车以汽油为能源，而电动汽车以电力为能源（图3-36）。与内燃机相比，电动机无气味、无振荡、无噪音，能量转化效率高，行驶平稳，舒适性极佳，而为其提供动力的"心脏"，就是动力电池。电池的定义为"通过电化学氧化还原反应将活性材料内储存的化学能直接转换成电能的装置"。为什么要用电池来取代汽油呢？有不少司机购买电动汽车的理由是电费比油费更加便宜。实际上，仅靠油费和电费的微弱差距是很难弥补两种汽车的价格差的，为了推广和普及电动汽车，当前还需要政府来补贴这个"差价"（目前，中国政府为了推动电动汽车的普及，出台了很多的优惠政策），而政府的最大目的是"环保"。我们知道，石油是现代工业的"血液"，然而石油燃烧后会产生温室气体，造成温室效应；而电池在工作过程中是不会产生温室气体的，因此是实现清洁能源的重要途径。

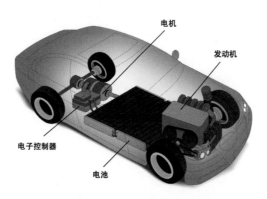

图3-36　纯电动汽车靠电池来驱动控制器和电机工作

电池的发展跨越了漫长的历史长河，而电动汽车的热潮也兴起过很多次。

电动汽车的历史比当前最常见的内燃机驱动的汽车还要久远。早在1828年，电磁转动的行动装置就在实验室诞生。1834年，第一辆直流电机驱动的电动汽车诞生，并且于1870年左右在欧洲逐渐实用化。其中1881年在法国问世的铅酸电池供电的电动汽车，首次令汽车速度突破了100 km/h。不过，1885年燃油汽车在德国问世。这时候，在美国和中东地区发现了大型油田，石油作为碳基燃料，其能量密度更高，在动力装置的体积或质量相同时，燃油汽车功率更大、续航里程更长、成本更低，导致百年来燃油汽车的发展速度远远超越了电动汽车。然而，全世界的燃油汽车排放出的大量二氧化碳，导致了严重的环境问题，严重威胁人类生存，加之石油资源日渐枯竭，使电动汽车得以重新闪亮登场。

1996—2003年的热潮起源于美国加利福尼亚州的零排放车辆法案，这个法案最初是在1988年对美国七大汽车制造商提出的。按照加州空气资源委员会颁布的规定，到1998年，在加州销售的新车中必须有2%是零排放车辆，而到2003年时，这一数值要提升到10%。于是，通用汽车公司在1990年1月研发了概念车"Impact"，并于1996年开发出并量产了铅酸电池第一代车型"EV1"，续航里程可以达到160 km。1999年，通用汽车公司发布了镍氢电池第二代车型"EV1"，续航里程可以达到230 km。然而，此时的电动汽车有很多缺陷，仅销售了1 117台，随即停产，并在2003年末终止了"EV1"计划。纪录片*Who Killed the Electric Car?* 讲述了这个故事。铅酸电池能量密度与功率密度（能量密度是指单位体积或者单位质量提供的能量，功率密度指单位时间提供的能量）很低，无法满足电动车里程与动力性要求；镍氢电池与镍镉电池能量密度更高且可以快速充电，然而价格较贵。

而最近一次热潮，则源于锂电池和燃料电池的应用。这里我们先讲锂离子电池电动车，燃料电池电动车在后面再详细介绍。基于锂离子电池的电动车，通常分为纯电动车（electric vehicle，EV）和混合电动车（hybrid electric vehicle，HEV），区别在于前者是纯电力驱动，而后者是电池和燃油共同驱动。好的动力电池要具备这些条件：高能量密度和高功率密度；较长的循环寿命，较好的充放电性能；电池一致性好，维护方便；价格便宜，而且环保。

锂离子电池充放电速度快，能量密度高，能多次充放电而且无记忆效应，工作温度范围宽，已经成为主要的动力电池，广泛应用于电动汽车和航空、航天领域。目前续航能力最长的特斯拉电动汽车的行驶里程可以达到500 km。锂离子电池是怎么工作的呢？可以把锂离子电池叫作锂离子浓度差电池，就是说在电池里面，由于不同区域的锂离子浓度不一样而导致离子的移动，产生电流。在锂离子电池里，正极采用钴酸锂，负极采用锂-碳层间化合物，电解质为溶解有锂盐的有机溶剂。

锂离子电池工作原理与流水的道理类似（图3-37）。自然界里由于重力的作用，"水往低处流"，而在锂离子电池中，由于电化学势的作用，锂离子与电子定向流动：当对电池进行充电时，由于内电路中正极的电化学势高于负极的电化学势，电池的正极中的锂离子从晶体结构中脱出，同时补偿电子流入外电路，保证正极的电荷平衡；生成的锂离子经过电解液运动到负极，同时电子的补偿电荷从外电路供给到碳负极，保证负极的电荷平衡。其中负极的碳呈层状结构，到达负极的锂离子可以嵌入层间。同样的道理，当对电池进行放电时（即我们使用电池的过程），负极中锂离子的电化学势高于正极，一旦外电路接通，可以使嵌在负极碳层中的锂离子脱出，又运动回到正极，并保证电子从碳负极流入外电路、外电路的电子流入正极，保持电极的电荷平衡，外电路中电子流动产生的电流可以利用起来，给各种各样的用电器提供能量。放电过程中，可以参与反应的锂离子越多，反应提供的电压越高，电池的能量密度越大。

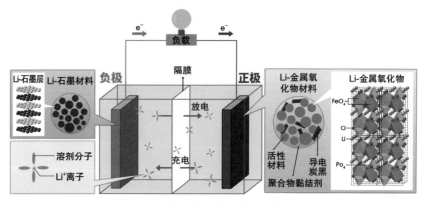

图3-37 锂离子电池结构和工作原理

锂离子动力电池，是继第一代铅酸电池和第二代碱性电池之后的第三代动力电池。目前锂离子电池基本采用液体电解质，就下一代锂离子电池或锂电池而言，采用固体电解质的固态电池是重点探索的方向，这是因为固体电解质可以适配高电压正极与金属锂负极、提高能量密度，且固态电池结构更加简单。此外，用不可燃的固体替换可燃的电解液，是杜绝锂（离子）电池安全隐患的根本途径。目前，美国Sakti3公司研发出的原型固态电池据称拥有1 100 Wh/L的能量密度；德国大众公司暗示新一代固态电池能量密度可达当前电池的5倍之多。不过目前固体电解质的成本过高，离商业化仍有一段距离。只有能量更高、功率更大、价格更便宜、维护更容易、充放电更快或者电池更换更加便捷，绿色的电动汽车才有机会从根本上取代当前的燃油汽车。

　　张文清，南方科技大学物理系教授，中国科学院上海光学精密机械研究所博士。国家杰出青年科学基金获得者，荣获国家自然科学二等奖，入选美国物理学会会士（APS Fellow）。主要从事计算材料物理和材料设计、电－热输运物理、热电转换材料和电池材料研究。

　　高健，北京化工大学化学工程学院讲师，哈尔滨工业大学学士，中国科学院物理研究所博士，师从李泓研究员。2015年就职于上海大学材料基因组工程研究院，2017年在美国马里兰大学进行博士后研究。长期从事电化学能源关键材料的第一性原理计算，致力于高能量密度、高功率密度、长期工作安全稳定的新型电极/电解质材料的研发。

氢燃料电池是什么

张文清　高健

在中学化学课里我们学过水的电解反应：水通过电解，分解成氢气和氧气。科学家发现，如果把这个过程反过来，让氢气和氧气反应，就会产生水和电。这个利用氢气的电化学反应产生电能的设备就叫氢燃料电池。和传统碳基燃油能源相比，目前锂离子电池的能量密度仍然较低。而燃料电池却可以结合两者的优点，既具备高理论能量密度，又具备高能量效率。燃料电池作为动力电池的突出优点还在于，其燃料加注仅需要3分钟左右，而锂电池充一次电则要几十分钟至数小时。

氢能发电原理如图3-38所示。在阳极（燃料极）输入氢气（燃料），氢分子（H_2）在阳极催化剂作用下被离解成为氢离子（H^+）和电子（e^-）；H^+穿过燃料电池的电解质层，向阴极（氧化极）方向运动，e^-被电解质阻挡，由外部电路流向阴极，并为外部电路提供相反的电流；在电池阴极输入含有氧气（O_2）的空气，与通过外部电路流

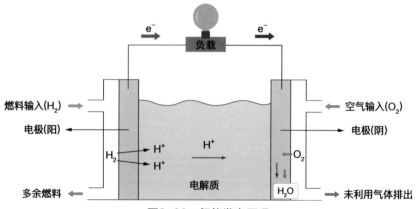

图3-38　氢能发电原理

向阴极的e⁻和穿过电解质的H⁺结合，生成稳定结构的水（H_2O），完成电化学反应，放出热量。

这种电化学反应与氢气在氧气中发生的剧烈燃烧反应是完全不同的，只要阳极不断输入氢气，阴极不断输入氧气，电化学反应就会连续不断地进行下去，电子就会不断通过外部电路流动形成电流，从而连续不断地向汽车提供电力。氢气可以通过电解水大量制取，燃料电池反应的产物是水和少量氮氧化合物，对空气污染很小，氢能是真正环保的能源。甚至有人提出，氢燃料电池排出的水，还是纯净水！开着这样的氢能汽车，驾驶员在沙漠里也不用担心缺水的问题。考虑到电池系统发热可能会损失10%~20%的效率，燃料电池的理论发电效率可达到85%左右，最终的能量转换效率为40%~50%。氢燃料电池具有能量转化效率高、对环境友好等优点，而且在长距离行驶时，氢能汽车比锂电池电动汽车在重量和容积上有优势。本田的氢能汽车，宣称最大续航里程达到700 km。

丰田汽车公司曾计划于2025年实现全固态锂电池商业化，但后来发现技术障碍极大，于是将研究重心放在氢燃料电池上，并提出"美好氢时代"的口号。其中Mirai已经作为首台量产燃料电池电动车投放市场，5 kg氢气可以支持650 km续航里程，然而，特斯拉的CEO伊隆·马斯克（Elon Musk）嘲讽道："燃料电池就是傻瓜电池。"

氢在地球上以水等化合物的形式存在，只能通过电解水或者天然气制氢，这个过程是耗能且产生温室气体的。另外，加氢站等基础设施建设需要大量的前期投入，截至2018年底，全球加氢站数目达369座。其中，日本拥有96座，德国拥有60座，美国拥有23座，中国以23座的数量并列第三位。日本的目标是到2020年将氢气站的数量增加到160座，到2025年增加到320座。此外，由于氢气过于活跃和危险，其储存和运输安全如今依然是前沿科学极具挑战的难题。当前，居高不下的成本和较高的技术壁垒，仍然是燃料电池电动车发展的最大阻碍。走"氢能源社会"的日本似乎逐渐被世界孤立，"即使开发出了技术，在别的国家也卖不出去"。实际上，当前丰田汽车公司已经明确了除燃料电池电动车（FCEV）外，电动车（EV）也是一个必不可少的研发领域。在放弃了与特斯拉的合作之后，丰田与马自达、电装开展技术合作。

燃料电池电动车和锂电池电动车的竞争，目前还尘埃未定，我们不妨"让子弹飞一会儿"，当前科学研究如火如荼，新技术、新材料的发展日新月异，或许会将电动车引领到出人意料的方向。

可以预期的未来，将是固态锂电池电动车和燃料电池电动车二分天下，而这一轮的竞赛谁能够跑胜，固态锂电池取决于对其中的材料科学问题、电池组装与规模化生产问题、电动车电池管理问题、电动车全产业链的理解和突破；氢燃料电池则取决于氢气产生、加氢站的建设和加氢成本的降低；同时，也取决于企业和政府对于未来能源安全问题的规划与布局。不管怎样，不久的将来，电动汽车取代燃油汽车是必然的趋势。

我们的征途是星辰大海。在航空航天事业中，无人航天器对于能源的长存储寿命、长使用时间、高比能、更强的瞬时功率输出、更大的能源存储设备等方面提出了更严苛的技术指标。

当前的动力电池并不能全方面满足航空航海等军用和民用领域的所有要求。然而，世上无难事，只要肯登攀。放眼未来，动力电池将具有更广阔的发展天地，可上九天揽月，可下五洋捉鳖，谈笑凯歌还！

生命与科技篇

Life and Technology

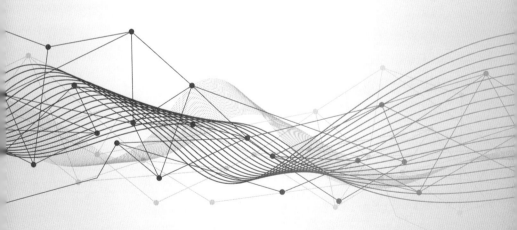

大脑是如何计算的

刘泉影

    大脑是个复杂且精细的系统。成年人的大脑一般由大约140亿个脑细胞构成，重约1 400 g，大脑皮层厚度为2~3 mm，总面积约为22 m²。脑细胞主要包括神经元和神经胶质细胞。神经元负责处理和储存与脑功能相关的信息。神经元是特异化的，是一种具有放电功能的细胞类型。神经元的构成如图4-1（a）所示，神经元与神经元之间由突触相互连接。神经胶质细胞起到支持作用，主要功能包括形成神经元轴突外的髓鞘、负责神经元的养分供应和新陈代谢、参与脑中的信号传导等。脑内其他的细胞类型包括形成脑血管的上皮细胞。

    大脑主要依赖神经纤维的电信号传递信息。神经纤维由神经元和包裹在神经元轴突外的胶质细胞构成。神经元不断地通过被称为树突的分支结构发送和接收信息。到达树突的化学信号或电信号会在细胞膜上引起小小的电压变化，这种电压变化会向细胞体传递。当电压变化的总和达到一个激发阈值时，神经元会释放一个电压高峰，即一个动作电位［图4-1（b）］。这一动作电位会沿着轴突以高达150 m/s的速度传导。于是，信息会以化学信号或电信号的形式传递给下一神经元（图4-1）。

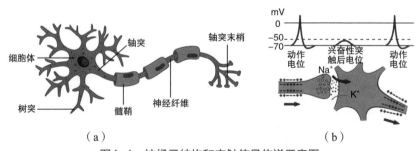

图4-1　神经元结构和突触信号传递示意图

为了研究和辨识方便，按结构和功能对大脑进行分区（图4-2）。按照结构大脑可划分为左右两个半球，每个半球又各分为前额叶、后额叶、顶叶、颞叶、枕叶五大区域。根据前人的研究成果，大脑皮层也可以分为几个功能区域，如精神功能区、视觉区、听觉区、机体感觉区、语言区等。但是更新的研究表明，人的任何一项简单活动都不仅仅造成大脑某一个区域范围内的活跃程度发生变化，大脑依赖多个脑区和众多结构的共同协作才能正常解码外界信息和指导人的活动。

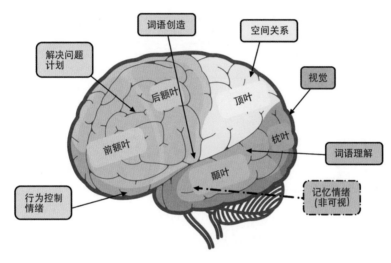

图4-2　大脑结构与功能的简单对应关系

大脑长在颅骨内，我们要如何观察和研究它呢？为了无创伤地获得大脑活动的信息，科学家们发明了脑成像技术（图4-3）。脑成像技术简单地说就是通过运用物理学光电磁和化学放射性元素等技术，跟踪记录颅内结构和功能，并将其在一定程度上动态地展现在我们眼前，如核磁共振成像技术（MRI）、正电子发射断层扫描技术（PET）、脑电图（EEG）、事件相关电位（ERP）、脑磁图（MEG）、单光子发射型计算机断层扫描技术（SPECT）、光学成像，也包括传统的电子计算机断层扫描技术（CT）和超声成像技术（US）。这些技术的开发和应用，无论是对神经科学、医学的研究还是对心理学的研究均具有重大意义。

核磁共振成像(MRI)

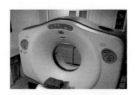
电子计算机断层扫描(CT)

超声成像(US)

正电子发射
断层扫描(PET)

单光子发射型计算机
断层扫描(SPECT)

脑电图(EEG)

图4-3　部分脑成像技术

大脑是一个非常复杂的动力学系统。根据大脑在不同时空层次上不同的反馈机制，利用数学模型进行理论分析，我们能更加容易理解大脑的工作原理。对大脑工作原理的理解，有助于提出新一代的计算模型。科学家们模拟大脑神经元的工作原理，提出了神经网络算法，通过模拟、延伸和扩展人类智能，极大地推进了人工智能领域的发展。

我们以大脑的视觉系统为例，来说明脑科学与计算模型之间相辅相成的关系。大脑在解析视觉信号进行物体识别的过程中，需要通过枕叶V1区神经元对特定朝向的棒状物或边缘产生偏好反应，V2区、V4区神经元会对更为复杂的形状与轮廓产生反应，三者共同加工；同样地，颜色的加工也在"V1-V2-V4-下颞叶"的腹侧通路（ventral stream）；而空间位置和运动的识别主要在"V1-V2-V3-中颞区"的背侧通路（dorsal stream）。而这些对行为的选择性反应能够通过自然信息输入的层级预测编码模型（hierarchical preditive coding model）进行解释（图4-4）。该模型利用自上而下的反馈联结传递的预测信息和自下而上的前馈联结传递的残差信息，共同解释了高级视觉皮层区域与低级神经活动间的关系。科学家们在使用自然场景中的一些图片碎片训练了一个神经网络模型后，发现该模型的神经元产生了类似V1属性的视觉感受野，能感受到包括方向、启动与停止以及其他类似的效应。

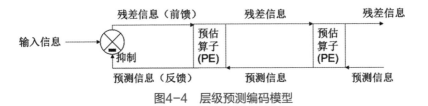

图4-4　层级预测编码模型

再例如，贝叶斯大脑理论认为，大脑会基于内部模型，对现实世界进行概率推算，主要是围绕如何解读它所感知的东西，计算出一个"最佳猜测"（这符合贝叶斯统计学定理，也就是基于从先验经验中获得的相关信息，去量化事件的概率）。大脑并不是等待感官信息来推动认知的，而是始终在积极构建关于世界的各种假设，然后利用它们来解释现实经历，并填补缺失的数据。

伦敦大学学院的神经科学家卡尔·弗里斯顿（Karl Friston）一直在完善预测编码假说的关键原理。弗里斯顿教授提出："如果大脑是一部推理机器，是一个统计器官，那么当它犯错时，它也会犯跟统计学家一样的错误。"也就是说，大脑可能因为太过重视或轻视预测或是预测误差，而做出错误的推断。

在一个著名的视错觉实验（图4-5）中，人们的视觉系统判断出棋盘上A格的颜色比B格的颜色深得多，但是其实他们的灰度是一样的。也就是说我们的大脑错误地利用了对比A和B周围格子颜色的信息，并错误地利用圆柱体投射阴影的位置来推断棋盘的颜色，这些推断让我们感知到A格和B格的灰度不同，尽管事实上它们完全相同。

图4-5　棋盘阴影视错觉实验

同样的道理，自闭症或许可以被描述为：大脑在底层无法正确地计算输入信息并将其前馈传输到高层，忽略与感官信号相关的预测误差，这可能造成患者对自我感觉更专注，对周围环境信息不敏感，对重复和可预测性的渴求以及其他心理、生理和行为上的严重后果。在与幻觉有关的病症中，例如精神分裂症，情况可能正相反：大脑也许太过关注自身对所发生的事情的预测，却忽略了与这些预测相矛盾的感官信息。不过，自闭症和精神分裂症都非常复杂，无法简化为单一的解释或机制。对大脑计算模型的研究，将有助于我们理解大脑运作的方式和这些疾病的机理，提出更有效的治疗方案。

刘泉影，南方科技大学材料科学生物医学工程系助理教授，瑞士苏黎世联邦理工学院博士。先后在英国牛津大学、德国弗莱堡大学和比利时鲁汶大学进行访问研究。研究方向主要集中于多模态脑成像及脑网络算法、神经计算模型、类脑计算、神经反馈控制等领域，属于跨学科的前沿交叉研究。

角膜的奥秘是什么

郭琼玉

　　"一双瞳人剪秋水"是古人对清澈明亮双眼的绝美形容。眼睛，是人体最为重要的器官之一，它由多个重要的"组件"组合而成。在最外侧层有一个看似结构最简单却举足轻重的"组件"——角膜。

　　角膜（cornea），作为眼部的重要组织之一，它的作用可不容小觑。角膜在眼部最外层，所有进入眼睛的光线都要通过它，它承担着屈光的重要功能。不仅如此，它还具有维持眼部正常结构的功能，对外界的病原体及尘埃颗粒也可以起到阻挡作用。如果用一台相机来比喻我们的眼睛，那么角膜就是相机镜头最外层的镜片。一台好的相机，能够拍出清晰的照片，主要靠镜头了（图4-6）。我们的眼睛之所以能看清物体，与这一层透明的角膜密不可分。

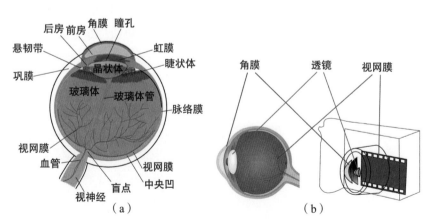

图4-6　人眼球结构和相机结构对比

（a）人眼球结构；（b）角膜与相机结构

看似薄薄的一层透明角膜，其实它的结构不简单！角膜主要包括三个部分：上皮层、基质层和内皮层（图4-7）。上皮层由一层厚度约50 μm的表皮细胞组成，内皮层则由厚度约10 μm的内皮细胞组成。

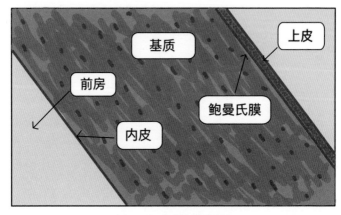

图4-7　角膜组织切片

位于中间的是基质层，它占整个角膜的90%，厚度约0.5 mm，主要成分为Ⅰ型和Ⅴ型胶原[64]。在人体角膜基质层中，胶原纤维直径约为36 nm，与其他组织中的胶原相比较为纤细，纤维互相平行排列形成板层，相邻板层之间的纤维互相正交。这种直径较小、空间排列独特以及均匀的纤维间距结构是至关重要的，它可以使得角膜看起来透明无瑕。也正是因为这样的独特结构，我们的角膜才能具有良好的柔韧性和弹性[65]。

角膜的构造特点与所处的特殊位置，使得它非常容易受到外界环境的影响。因为透明的角膜中是没有血管的，所以它只能通过泪液和氧气来为它提供营养，每一次眨眼就会有一层薄薄的泪液覆盖在角膜上面，保持眼睛的湿润，同时也为角膜提供营养。但我们的眼睛在日常生活中难免会受到强光、风沙、异物的影响，这些刺激会使角膜上皮细胞受到损伤。不过不用太担心，我们角膜的边缘有一层角膜缘干细胞，它就像一座巨大的"仓库"，可以源源不断地为我们的角膜分化出新的上皮细胞，为角膜提供修复能力。但是，在平时生活中一定要注意眼睛的保护，不要去看强光的发光体，烈日下要尽可能戴上墨镜，如果眼睛进了异物一定不要用手去揉，可以用洁净的清水冲洗，或者及时寻求家人或医生的帮助。

但是，如果我们的角膜受到了较为严重的伤害，例如，一些细菌或病毒引起眼部感染，引发角膜炎、角膜溃疡、疱疹病毒性角膜炎、圆锥角膜等，或是外界环境刺激如化学烧伤、炸伤、机械性损伤等，以及肿瘤、自身免疫性疾病或营养缺乏所引起的角膜病变，这时仅仅依靠"仓库"是无法对受到重创的角膜提供修复的，受创伤的角膜一旦无法正常工作，就可能会引起失明。

目前，角膜受创已成为全球第四大致盲原因，治疗方法只有角膜供体移植。角膜供体移植就是指将异体的角膜通过手术方式移植给角膜病患者，让因角膜受创致盲的患者重见光明。正常情况下，角膜供体一般来源于遗体捐赠。

当今全球单侧角膜失明人数有数千万，双侧角膜失明人数超过500万[66, 67]，而每年角膜供体供应量却很少，很多国家因为受到文化、宗教、观念的影响而对遗体捐赠望而却步，使得人供体角膜成为稀缺资源。由于需求量巨大，仅依靠角膜供体实在无法满足。另外，如果受体患者不能很好地适应被移植的角膜，一旦出现不良反应则移植失败率可高达70%[68]。那么，大部分角膜受伤的患者就一定没有重见光明的机会了吗？答案：当然不是。

科学家们想出了一个好办法。既然人供体角膜这么宝贵，那么能不能按照人类角膜的结构和成分，通过人工合成的方法去制造一个，然后移植给需要角膜的患者呢？答案是肯定的。科学家们将一种透明高分子有机材料，作为一个载体移植到病变角膜中间，使患者视力得到恢复，这种材料被称为波士顿人工角膜（Boston Keratoprosthesis）（图4-8）。这种人工角膜早在1974年就被科学家提出，但是其排异率较高，到目前为止，移植的人数仍有限[69]。

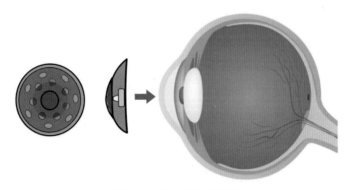

图4-8　波士顿人工角膜

　　科学家们进一步研究发现，角膜的主要成分是胶原蛋白，并且属于"免疫赦免区"，就是我们体内的保卫细胞不会对它产生排斥反应。那么如果将从别的动物体内获得的只含胶原蛋白成分的角膜移植到人的体内是否可行呢？猪是我们日常生活中最常见的家畜，科学家们通过一系列技术手段将猪角膜上原本属于它自己的细胞清洗掉后，把剩下的"骨架"部分移植到人的眼睛内，再让人体自己的细胞在这个"骨架"上面生长，来形成自己的角膜。这个办法正在进行临床验证，希望可以造福角膜患者。

　　随着医学、生物技术的不断发展，科学家和医生们又在接着思考，是不是可以通过不同的方式处理胶原蛋白，来制备性能更好的人工角膜呢？科学家们尝试了大量不同的方法，有的把胶原蛋白纺成丝[70]，有的利用"生物油墨"来进行3D打印[71]，有的利用压缩的办法[72]，还有的通过向胶原蛋白溶液中添加其他小分子物质[73]，让胶原蛋白自己组装起来，以形成性能更加优良、更能适合人体移植的角膜。听起来是不是特别炫酷！随着更多性能优良、更适合人类的角膜被研发出来，更多失明的患者可以得到重见光明的机会。

　　小小的角膜，大大的用途。在无比精妙的人体世界里，一层薄薄的角膜看似安静地附着在眼球表面。实际上，它一直在那里辛勤地工作着。

　　郭琼玉，南方科技大学生物医学工程系助理教授，中国科学技术大学学士，美国凯斯西储大学博士。2010年在美国约翰霍普金斯大学生物医学工程系进行博士后研究。研究方向为高分子生物材料在转化医学方向的研发，在可移植人工角膜、可降解血管支架、记忆性纳米材料、骨修复以及细胞调控等领域有突出的研究成果。

量子基石篇

电子与信息篇

材料与化学篇

生命与科技篇

地球与环境篇

古有"神农尝百草"，今天呢

郭智勇

相传在远古时期的中华大地上，有一个部落的领袖带领大家耕田种庄稼，人们安居乐业。不过，由于人们吃野菜野果，喝江河湖水，猎食野生动物，加上瘟疫和气候的恶劣影响，人们常常生病、中毒、受伤甚至死亡。为了治疗人们的病痛，使文明能够顺利发展，这位部落领袖开始尝试各种药草，分析各种药草的药效反应，使得人们病有所医。这位部落领袖被人们尊称为"神农"，这就是"神农尝百草"的故事概况，也许是关于药物筛选的最早记录了。用科学的语言来描述"神农尝百草"这一过程，"神农"就是最早的药物筛选的反应模型，而"百草"就是各种药物成分的天然载体。

随着时代的发展与科技的进步，现在的药物来源越来越广泛，可用于药物筛选的反应模型也越来越多，方法和手段也多种多样。概括起来，药物筛选是指依据科学理论指导和生活实践效果，对天然矿物、化学合成物、微生物提取物、植物萃取物、动物分泌物等具有一定药效作用的物质，应用适当的筛选方法和筛选技术，检测其对正常细胞的药理活性和对有害病毒、肿瘤细胞的抑制作用，为新药开发提供实验依据的方法。

药物筛选是评价药物治疗效果，并将实验室研究出来的药物应用到临床治疗的关键。在新药研发过程中，药物筛选能够缩短药物研发时间，指引药物研发方向，从而提高药物研发的效率，降低药物实验成本，更重要的是能够降低药物临床治疗的风险。科学的药物筛选最早可以追溯到14世纪的实验药理学，而现代生物技术、生物医学工程、自动化信息技术等的发展，更进一步促进了药物筛选新方法、新技术的发展和进步。现代医学药物筛选的目的主要是治疗人类各种疾病，而在药物正式临床使用前，需要使用多种药物筛选反应模型来测试药物的治疗效果与毒副作用。这些反应模型可能是小白鼠、猴子等动物，可能是细菌、病毒等感染性微生物，也可能是肿瘤细胞系、器官组织以及新近发展起来的人体"类器官"等，其中类器官是最接近人体真实器官的药物筛选反应模型。

小白鼠、猴子等动物大家一般都见过，细胞、病毒、细菌也容易理解，肿瘤也常听说过，那么什么是类器官呢？类器官从哪里获得呢？类器官为什么可以用来做药物筛选研究呢？以下慢慢道来。

说到器官，大家首先想到的可能是胃、肠、肾、心、肝、胰、肺等，这些都是人体内的功能模块，例如胃的功能是消化食物，肠的功能是吸收营养。而类器官既可以看作一种器官，又可视作非器官。说它是器官是因为它具有与真实器官相似的细胞组织形式，并能实现部分原器官的功能，例如收缩、神经活动、分泌、滤过等。说它不是器官是因为它只是一个细胞团，最大也只有几毫米，例如胃的类器官不可能像胃一样装食物并蠕动和消化食物。人体器官是在人身体内工作的一个整体功能单元，有特定的形状与功能，而类器官只是养在培养液里面的非常小的一团形状不规则的"肉末"。

研究过程中怎么获得类器官呢？当然，从小白鼠的胃表面切下一团很小的"肉末"，放在培养液里面保持活性也能算是类器官，但用于药物筛选的类器官并不是通过这种方式获得的。用于研究疾病治疗的药物筛选类器官要尽量接近人体真实器官才能够更真实地评价药物功效，因此，类器官一般来自人类本身。当然，通过人体穿刺取样的方式能够获得类器官，这主要是针对特定个体进行个体差异治疗时才会采用的方式。一般类器官主要有三种来源，但其根本都是由单个或数个能够进行特异功能演化的干细胞或器官祖细胞分裂增殖而来。即能够功能化增殖的细胞才能够发展成类器官，这类细胞有三大类，肿瘤干细胞（发展成肿瘤）、成体干细胞（发展成该干细胞对应的器官组织）、胚胎干细胞和诱导性多能干细胞（可以诱导发展成任意类型的器官组织）。胚胎干细胞可以由胚胎早期囊胚内细胞群分离得到，诱导性多能干细胞可以通过人工诱导非多能性成体细胞表达某种特定基因得到。

图4-9展示了由胚泡内细胞团和成体细胞经过转化变成干细胞，再经过诱导发育变成各种类器官的过程[74]。动物的器官时刻维持更新换代，器官老细胞凋亡的同时有新细胞产生，这些新细胞修复损伤的器官组织。这些新细胞直接来源于该器官的成体细胞，却能够增殖发展成该器官的各种细胞类型，因此称为成体干细胞。从动物器官中提取的成体干细胞就能够发展成该器官对应的类器官。

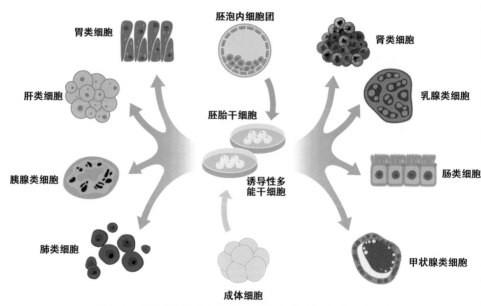

图4-9 胚胎干细胞和诱导性多能干细胞来源与类器官演化

图4-10展示了由小肠组织提取成体干细胞发育成小肠类器官的过程[75]。肿瘤是正常细胞因为死亡周期失控，而持续分裂与无限增殖形成的恶意增殖细胞群，从肿瘤中可以提取肿瘤干细胞，一个肿瘤干细胞通过体外培养能够增殖成一个肿瘤细胞团，即肿瘤类器官。

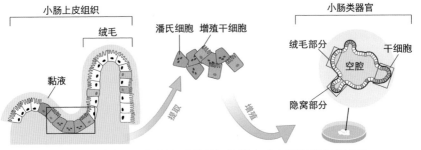

图4-10 由小肠组织提取成体干细胞发育成小肠类器官的过程

　　前面介绍完了什么是类器官以及类器官的来源，那么我们为什么要用类器官进行药物筛选？或者在药物筛选过程中使用类器官模型有什么优势呢？答案主要有以下几个方面：

　　第一，类器官药物筛选相对培养皿单种细胞药物筛选而言，更能够体现多种细胞群体作用特征，更好地模拟人体的多种细胞以及细胞外基质交互作用的三维微环境。实验动物是一个完整的活体，在药物临床试验方面发挥着重要的作用。但药物筛选需要进行大量试验，必定带来实验动物的大量消耗，这不仅费用高，而且流程复杂、时间成本高，使得基于活体动物进行的大规模药物筛选实验难以开展。另外，实验动物与人体之间在新陈代谢、药物动力学、生物行为等方面存在较大差异，动物实验的结果只能作为药物筛选的初步评价。因此，相比于培养皿培养的细胞和普通动物，类器官的响应特征能够更加准确地反映药物与人类器官的作用过程，而感染细菌、病毒的类器官相对于单纯的细菌、病毒而言，其提供的生理环境更加接近人体特征，因此其药物筛选结果更加可靠。

　　第二，肿瘤类器官能够重现真实肿瘤生长发展的主要生物学行为，使用肿瘤类器官做药物筛选时，能够直接评价药物在肿瘤抑制与癌细胞杀灭方面的效果，由此指导医生设计针对该肿瘤治疗的最佳方案。通过肿瘤类器官进行的药物筛选研究得到的结果能够更准确且直接地指导人类癌症治疗。

　　第三，由于患者个体差异巨大，同样的药物用于不同的患者，产生的副作用可能完全不一样。有了个体化的类器官之后，就可以根据类器官对药物和疗法的反应来推断某个患者对该治疗手段的反应和可能发生的副作用，从而实现个体精准治疗。

以上就是对类器官药物筛选的简单介绍，由于类器官能够在体外进行大量三维培育，同时各种来源的药物千万种，这就使得一种类器官能够同时进行千万种药物筛选反应，而且一种新药成分能够在多种类器官上进行药理测试。随着自动化技术和人工智能数据分析的应用，类器官药物筛选的进程也在加快，人们将在癌症治疗、瘟疫抵御、个性化精准医疗方面高速前进，治癌药物的价格也将大幅降低，从病"有"所医到病"能"所医，人们的生活将变得更加美好。

郭智勇，南方科技大学生物医学工程系研究助理教授，中国石油大学博士，中国细胞生物学学会会员。2016年作为访问学者在澳大利亚悉尼大学从事研究工作。主要研究时间分辨和超分辨成像系统设计、优化与产业化，从事以时间分辨和超分辨荧光显微成像为核心的组织病理切片、类器官、活细胞成像分析与临床应用研究。

耳朵能"看"见声音吗

奚磊

　　1880年6月的一天，亚历山大·贝尔（Alexander Bell）和他的助手正在烈日下进行着实验（图4-11）。"让我再走远点，"贝尔一边说着一边往远处走去，他手上拿着一个喇叭状的听筒，心情显得有点激动，"这里应该足够远了。"贝尔把听筒靠近自己的耳朵，并给助手挥手示意。助手显然已经与他配合默契，开始调试面前的器械：一面镜子，一组透镜，一个话筒。助手用镜子将太阳光反射到远处贝尔手上拿着的听筒里，挥手示意已经准备好了。正盯着这儿看的贝尔随即表示可以开始实验，心情虽激动但也不免有些忐忑。助手将嘴靠近话筒，声音甚至有些颤抖："你能听到吗？"远处的贝尔似乎没有什么反应，助手清了清嗓子，用更大的声音说："你能听到我说话吗？"随即他看到远处的贝尔朝他挥手，进而开始手舞足蹈起来，甚至隔着213 m都能听到贝尔的笑声。助手知道这意味着什么，他也终于放松下来，眼睛里充满喜悦，同样开始大笑。远处的贝尔同样可以听到助手的笑声，不同的是，声音是从听筒里传出来的。

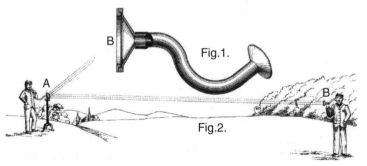

图4-11　贝尔和其助手正在进行"光话"实验

这是世界上首次使用光对语音进行无线传输，距离达到了惊人的213 m。其发明人贝尔的描述是："我能听到阳光带来的清晰的声音！我能听到一缕阳光在大笑，在咳嗽，在歌唱！"

这个实验的原理现在看来并不复杂，当时贝尔也给出了比较详尽的解释。总结起来就是四个字：光声效应。

那么光声效应到底是什么呢？我们知道，太阳光里包含了所有颜色的光，当太阳光照射在物体上时，根据物体的特性，一部分波段的太阳光被吸收，剩余波段的光被物体反射，所反射的光组合在一起，就成了我们看到的这个物体的颜色。比如说我们看到树叶是绿色的，就是因为树叶中所包含的叶绿素吸收了太阳光中的蓝色和红色部分，而不吸收绿色的部分，并把它反射了出来。而其中被吸收的那部分光则引起了物体温度的上升，使得物体内分子发生热膨胀。当然，这还不足以使其发出声音。所以我们让光间断性地照射物体，这样物体就会周期性地膨胀、收缩，从而向外发出机械波。当光满足一定条件时，机械波的频率就能被人的耳朵捕捉。这样一来，光就被转化为声，也就是我们说的光声效应。

在贝尔所研发的装置中，正是应用光声效应来进行声音的传输。助手在说话时，其声音经过空气带动了镜子表面的振动，而这一振动使得被镜子所反射的太阳光有轻微的抖动，并间断性地照射在贝尔拿着的听筒上，听筒上所覆盖的黑色材料由于光声效应随即产生声音，并被贝尔的耳朵所接收。如果这项技术能够发展起来，它可能拥有一个类似于"电话"的名字——"光话"，电话靠电传输声音，而它靠光传输声音。

遗憾的是，光在传输过程中非常容易受到干扰，一些雨滴、一阵微风、一只小虫都可能使通信受到影响，在当时实用性不强，故这项技术逐渐被人们遗忘。而光声效应也因为缺乏可控的、高能量的光源以及高灵敏度、高信噪比的声探测器，逐渐进入冬眠期。所以，一项技术从发明到应用，一定要占据天时地利人和。

在20世纪60年代后，随着科学技术的发展，高灵敏度的压电陶瓷传声器以及可控强光源的问世，光声效应及其应用研究逐渐解冻，重新回到人们的视线中。到20世纪90年代后期，光声成像技术的出现宣告光声效应的应用进入了春天。

光声成像技术出现时可以说是强敌环伺，有电子计算机断层扫描成像、核磁共振成像、超声成像、正电子发射断层扫描这些"老前辈"，也有光学断层相干层析成像、荧光成像等一些"年轻人"，然而光声成像技术还是凭借其特性在诸多"同行"中脱颖而出。

我们都知道，蝙蝠可以通过发出并接收超声波来"看清"周围的世界，这实际上就是超声成像的灵感来源：向物体发射超声波，不同的物体对超声波的反射能力不尽相同，使用探测器收集反射的超声波，反射能力强的物体在图像中表现较亮，反之则表现较暗。然而在生物组织中，"亮"和"暗"之间的差别并不是特别大，这就是我们常说的对比度不佳；"亮"和"暗"的界面也比较模糊，这也就是分辨率不佳。

光声成像技术是一种基于光声效应的成像方式，通常使用激光脉冲以聚焦或非聚焦的方式照射到生物组织中，部分光能量被生物组织中的吸收体吸收，当满足一定条件时，吸收体中的电子从低能级被激发跃迁到高能级，而处于激发态的电子极不稳定，会从高能级向低能级跃迁，并以光或热量的形式释放能量，导致瞬态热弹性膨胀，从而产生兆赫兹级的超声波，所产生的超声波由超声换能器接收并重建图像（图4-12）。

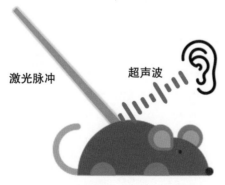

图4-12　用光激发，用耳朵"看"的光声成像

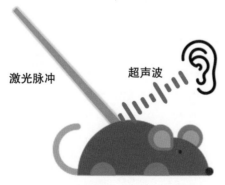激光脉冲　超声波

这种"用光激发，用耳朵看"的成像模式有什么好处呢？

一方面，光声成像的对比度来源于生物组织中吸收体对光的吸收能力，且吸收体对不同波长的光有着不同的吸收能力，例如在532 nm的波长下，血红蛋白对光的吸收能力是其他生物组织的数千倍，这就使得光声成像对生物组织中的红细胞等拥有天然的、极佳的对比度，可进行无标记成像。而产生光声信号的激光能量较低，对生物体没有损伤。另一方面，光声成像是利用激光所激发的超声信号来进行图像重建的，而超声波在生物组织中的衰减比光低2~3个量级，光声成像探测能力比普通光学成像更强，拥有良好的分辨率和信噪比。

那么，最重要的问题来了，我们还可以用光声成像技术干什么呢？

前面我们提到了血红蛋白对光有非常强的吸收能力，因此，光声成像可以很好地应用在血液、血管的相关研究中。例如在对肿瘤的早期检查中，我们可以使用光声成像对肿瘤生长中产生的密集血管区域进行定位，精准地找到肿瘤所在区域；通过对血液中肿瘤细胞的检测，可以判断肿瘤是否有转移的趋势；在肿瘤切除过程中，可以借助光声成像来判断肿瘤是否已经完全切除，确保不再复发。当然，还有一些距离大家生活更近的应用，例如使用光声成像对口腔健康进行检查、对一些皮肤疾病进行诊疗等。在可预见的未来，这些技术都会一步步临床化，逐渐进入大家的生活。未来在体检时，大家如果遇到了这些设备，就可以对周围的人"炫耀"一番："哈，这就是光声成像。"

奚磊，南方科技大学生物医学工程系副教授，美国佛罗里达大学博士，中国生物医学工程学会生物医学光子学分会委员，中国光学学会生物医学光子学分会委员。主要研究方向为生物医学成像，从事以光声成像技术为核心的多模式、多功能、多参数成像技术在基础和临床应用中的研究。

冷冻电镜如何解读生命密码

谷猛

　　网络上有一个这样的段子，"问：把大象放进冰箱需要几步？答：一共需要三步，打开冰箱门、放入大象以及关上冰箱门。"那么，类似地，冷冻电镜技术的实现也主要分为三步。第一，提出基本冷冻电镜理论和证明冷冻电镜技术对生物样品结构分析的有效性与准确性；第二，完善可靠的冷冻样品制备流程，如何得到满足电镜实验需求的样品是实验过程中的关键问题；第三，建立成熟的三维重构算法，对于实验得到的海量二维图像数据，需要用计算机算法对其进行处理，以期得到高分辨率的清晰三维图像。基于以上方面，里查德·亨德森（Richard Henderson）、约阿基姆·弗兰克（Joachim Frank）和雅克·迪波什（Jacques Dubochet）三人做出了开拓性的贡献，并被授予诺贝尔奖。

　　1975年，Henderson博士在冷冻电镜样品的拍摄上进行了大胆尝试并取得了开拓性进展。他成功制备了细菌视紫红质的二维晶体样品，并拍摄到其在冷冻电镜下的结构照片。样品制备完成后，他采用强度较低的电子束流，将样品直接放置在电子显微镜下观察。在运用了三维重构的计算机分析技术后，Henderson博士第一次让人们看到了细菌视紫红质蛋白的三维空间结构（图4-13）[76]。所获图像的分辨率达到了0.7 nm，这是当时蛋白质研究的最高分辨率[76]。

　　经过不断地摸索和改进，15年后，在1990年，Henderson博士将蛋白质的结构分析做到了新的精度——0.35 nm（图4-14）。这是具有里程碑意义的成果[77]。

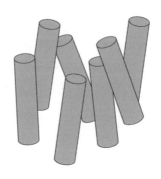

图4-13 细菌视紫红质的第一个粗略模型

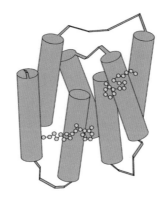

图4-14 高分辨率下观测到的细菌视紫红质三维结构

Henderson博士从理论上预测了原子水平下观测生物材料的可行性，而且指出电子束引起的样品漂移的问题必须解决，否则将损害冷冻电镜在原子尺度研究生物材料的精确度。这样的理论在后来透射电镜的相机技术革命中也得到了印证，我们必须为Henderson博士对冷冻电镜的贡献竖起大拇指。

在Henderson博士指明了解构生物大分子的发展方向后，另一个关键的问题也随之而来，就是生物样品在电子显微镜的真空环境中容易脱水失活的问题，之后研究人员想到如果能把细胞、蛋白质和其他生物样品冷冻下来，就能解决生物样品脱水失活的问题。可是研究人员发现生物样品中的水如果自然冷却下来，就会生成冰，晶体的冰在电镜摄像中会大量地散射电子，形成很强的衬度，从而极大地干扰样品本身成像的质量[78]。对于这个难题，Dubochet博士发明了新的冷冻样品制备方法，也就是迅速冷却法，使样品中的水凝固成玻璃态，而不是冰晶。Dubochet博士通过实验发现，如果让水形成玻璃态，电子束就会均匀衍射，形成一个均匀的背景，进而解决晶体冰在拍摄过程中散射电子这一问题。

1981年，Dubochet博士提出了一个如图4-15所示的制备冷冻样品的可行方法：将生物样品非常快地插入-196℃的液态乙烷或丙烷中冷冻，由于冷冻速度特别快，生物样品中的水来不及结晶就变成了固态，如此一来，便得到了无定形态的玻璃态水，这样的玻璃态水不会强烈散射电子，从而避免了晶体冰对生物样品衬度的干扰，而且水的存在也保持了生物样品的活性，成功地解决了冷冻样品的制备问题。

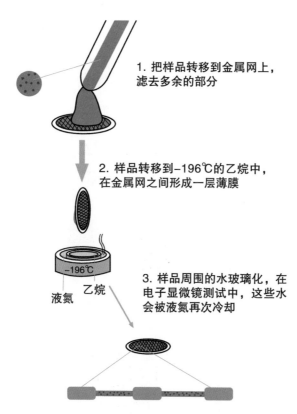

1. 把样品转移到金属网上，滤去多余的部分

2. 样品转移到-196℃的乙烷中，在金属网之间形成一层薄膜

-196℃
乙烷
液氮

3. 样品周围的水玻璃化，在电子显微镜测试中，这些水会被液氮再次冷却

图4-15 Dubochet博士发明的冷冻样品制备方法

以玻璃态冷冻样品为观测对象，就能够得到质量上乘的电镜照片了，那么这样就能得到蛋白质等生物分子的三维图像了吗？事实是还不可以，因为得到的照片都是生物分子不同角度的二维图像，我们需要经过分析重建才能获得三维结构。Frank博士在这一部分的工作上做出了巨大的贡献。

Frank博士提出的算法的具体过程如图4-16所示。我们可以简单地把这个过程理解为：首先通过实验获得大量随机取向的分子图像，然后将这些海量分子图像分类进而得到类似的不同角度的高分辨率二维图像，再通过分析这些二维图像之间的联系，生成高分辨率的三维立体图像。这个过程类似于我们在学习初等立体几何时，利用空间立体图形的三视图去还原三维立体图形的过程。Frank博士的这一套图像分析技术被认为是冷冻电镜能够得到进一步应用的前提。

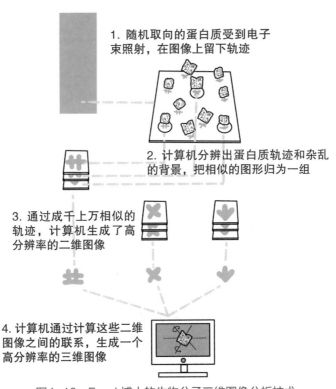

1. 随机取向的蛋白质受到电子束照射，在图像上留下轨迹

2. 计算机分辨出蛋白质轨迹和杂乱的背景，把相似的图形归为一组

3. 通过成千上万相似的轨迹，计算机生成了高分辨率的二维图像

4. 计算机通过计算这些二维图像之间的联系，生成一个高分辨率的三维图像

图4-16　Frank博士的生物分子三维图像分析技术

至此，利用电子显微镜观察蛋白质分子的前提技术已基本完备。所以说冷冻电镜的成功，依赖众多关键因素。总结下来，包括样品制备技术的发展、新的单电子相机的发明、三维重构理论的建立、电镜稳定性的提高等。冷冻电镜技术发展的一个新的台阶是2013年，冷冻电子显微镜在采用球差矫正技术后达到了原子级分辨率。球差冷冻电镜的出现，矫正了科研人员的眼睛，让他们像孙悟空一样有了火眼金睛，可以在纳米尺度下清晰地观测生物的结构。

经过数十年的发展，冷冻电镜技术成功地解析了诸多病毒、蛋白质、细胞以及其他生物材料的三维结构，不但为人类战胜顽疾做出了突出的贡献，而且为研制救命的新药起到了巨大的推动作用，也为人类了解奇妙的生命科学和自然发挥了不可替代的作用。由于冷冻电镜技术在世界范围创造了一个又一个奇迹，它引起了学术界和工业界的巨大关注。很多知名药企都在利用冷冻电镜技术研发新的精准医疗药品。

我国西湖大学校长、结构生物学领军人物施一公院士本身也是冷冻电镜技术专家，他的诸多成果发表在世界一流的期刊上。通过这种技术，可以实现特定蛋白质和生物组织的三维成像，精准地了解某种特定生物组织的功能、特异性和其与药物作用的机理，他曾经表示，"冷冻电镜的发展像是一场猛烈的革命。就目前发展前景来看，冷冻电镜技术是可与测序技术、质谱技术相提并论的第三大技术！"

在过去的十几年中，中国的冷冻电镜研究领域得到了极大的发展，独立实验室从2005年的几个发展到目前的几十个。很多大学也在积极布局并成立球差冷冻电镜中心，其中南方科技大学冷冻电镜中心于2018年11月揭牌。该中心建成后，将在冷冻电镜技术方面极大地提升我国生物和药品研发能力，为人类治疗疾病、抗击病毒、研制新药做出巨大贡献。同时南方科技大学冷冻电镜中心将拥有非常独特的分析能力，在观测物态结构的同时，实现原子尺度的元素分析功能。

虽然冷冻电镜技术观测的是一个微小世界里的一草一木，但是它正在推动整个人类科学的宏观历史进程。冷冻电镜技术作为一颗冉冉升起的新星，在未来的前沿科学研究中必将发挥更大的作用。

　　谷猛，南方科技大学物理系副教授，美国加州大学戴维斯分校博士。曾就职美国能源部下属的西北太平洋国家实验室和美国陶氏化学（Dow Chemical）公司。主要专注于先进透射电镜表征技术、高性能锂离子电池、催化剂和仿生材料的研发。

合成生物学为什么这么火

何俊龙

　　合成生物学是工程原理在人类设计的生物系统的构建和实现中的应用。其目的是通过合理地重组和调节DNA编码的生物成分来构建类似于电路的人工生物系统，从而产生各种可预测的新设备、网络和路径。进入21世纪后，合成生物学的出现改变了传统研究生物体内部结构功能的方法。传统的方法是基于发现和调查研究，而合成生物学利用最基本的元素和遗传电路组件，秉承设计—构建—测试—学习的生物工程学原理，促进复杂细胞功能的构建。这些工程方法被用来有目的地设计和构建新的生物体和基于生物的系统，以实现有用的新功能。合成生物学家的目的是建立一种和谐的相互关系，使工程细胞可以与世界上活跃的自然环境协同工作。

　　合成生物学有三个主要组成部分。第一部分以基于微生物基因组的研究为中心，在该研究的基础上，基于自然存在的有机体，细胞底盘和基因构建元件可以被开发出来，用于重组生物模块，以改变调控网络，增强先前存在的属性和开发新的细胞功能（图4-17）[79]。第二部分是增强DNA的从头合成，该领域的进步促进了基因组DNA的快速合成以及调节行为的相关工具的发展，这些工具专门针对目标应用而定制。第三部分是细胞功能的复杂分层，其中通过设计—构建—测试—学习循环来改善完全合成的构建体，以创建新的生物系统，产生增强的菌株以及新的嵌合物种和有机体。

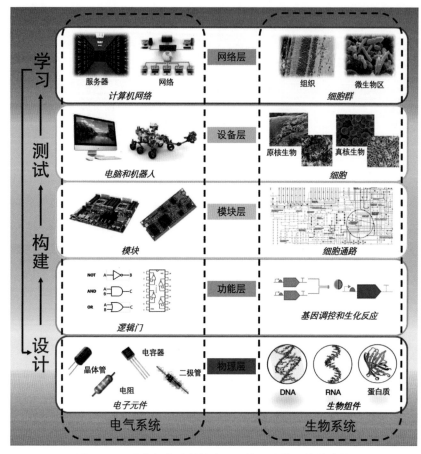

图4-17　具有复杂功能的电子系统和生物系统的比较

　　合成生物学是一个跨学科领域，它将生物技术、系统生物学、生物化学、计算机科学和物理学相结合，通过设计—构建—测试—学习循环解决各种科学问题。合成生物学的应用以工程生命的理念解决了健康科学、食品科学、环境科学、生物加工工程和艺术领域的各种问题。由于合成生物学的学科性质，这些不同的学科为合成生物学提供了重塑生命概念的不同工具和方法。在设计方面，系统生物学和计算机科学提供了应用于生物科学和工程的计算机模型，预测了在协调一致的群落中增强单个细胞功能属性所需的关键元素。这包括大数据、人工智能和先进制造业。在构建方面，生物技术和生物化学提供了更好的方式来了解基因修饰和生物化学调控，从而引导细胞途径和功能的改变。这些基因修饰改变了细胞行为，在细胞固有功能上进一步增加了有益特性，有利于宿主细胞和整个微生物群落。在已建立的微生物群落中，这些有益特性是通过与工程细胞或其代谢物的直接相互作用而得到的。在测试和学习方面，合成生物学家使用物理方法来建立理论基础，以设计新分子、更高级的调节网络和更有效的代谢途径。该领域各个成员的结合产生了新的创造，这些创造产生了增殖的化学反应和所需的细胞特性。

在过去的20年里，新应用技术的发展推动了合成生物学和系统生物学的快速发展，解决了许多以前无法解决的问题，从而产生了新的生命基本理论。例如，CRISPR-Cas9介导的基因组编辑工具的开发使我们能够靶向多个特定的基因组位点，并改变细胞的遗传组成以有效地设计生物成分。加上高通量测序技术的突破，我们有能力就地读取生物体的基因组学、转录组学、蛋白质组学和代谢组学数据。2001年，人类基因组计划（human genome project）与赛莱拉公司（Celera Company）合作，公布了详细的人类基因组图谱，让我们对人类基因中的调控元素有了更深入的了解。这些以人群为基础的资源使我们能够辨别健康和患病人群中的各种调节因素；同时了解不同种族、地域、年龄人群的基因调控变化。这些信息使我们能够发现许多新的功能酶和调控途径，这有助于我们更好地理解遗传问题和加速构建异种宿主代谢途径的手段。最后一个例子是先进的DNA合成/序列技术，绘制整个基因组所需的时间也从以前的几个月缩短到现在的几天。此外，这有助于工程和合成基因的构建，合成的碱基对数量已经可以从原来的几千个增加到现在的上百万个。

合成生物学为我们提供了解决健康、能源和环境问题的各种新技术。

1. 改善人类健康

合成生物学已被用来了解微生物种群在人体内的调节作用。最重要的是，合成生物学利用这些微生物细胞来平衡宿主体内的微生物数量，同时通过改造微生物来解决既存的健康问题。微生物可通过定位在患病的细胞/组织上，改善药物传递，抵抗感染并调节宿主生物化学机制，从而预防慢性疾病。这些都是通过这些微生物的基因工程来实现的，当某些指示宿主失调的生化信号触发时，这些微生物会特异性地产生治疗药物和肽，从而及时有效地为机体提供有益的化合物。例如，小分子量的活性物质抗菌肽可以有效地分散细菌生物膜并杀死病原体，从而解决了细菌的耐药性问题。另一个例子是青蒿素，这是一种抗疟疾药物，传统的方法是从甜艾草中提取，这种方法对环境造成危害并产生大量化学废物。目前，该药物使用合成生物学方法生产，该方法通过代谢工程化酵母细胞底盘的途径来实现优化生产。最重要的是，这些酵母细胞能够利用农业废物产生大量青蒿素，从而减轻了对环境的压力。因此，设计新的生物合成途径有助于通过直接治疗宿主疾病，生产药物和生物活性物质，产生个性化治疗、组合治疗策略和开发疫苗来改善人类健康。

2. 开发新生物能源

为了解决可再生和可持续能源的关键问题，合成生物学家已经开始以微生物底盘的废物和空气中的污染物为原料生产清洁能源。这包括用细菌电池代替太阳能电池板从太阳中获取光能，因为与使用一次性太阳能电池板相比，维护培养的细胞更便宜、更环保。也包括改善细菌和酵母变体，以农业废弃物（如多糖木质纤维素和其他纤维素材料）为原料生产生物酒精（如乙醇和丁醇），努力使生物酒精替代化石燃料能源。这些努力包括设计代谢途径以促进最终产品的生产，使废物衍生材料的利用成为可能，并提高细胞底盘对最终产品的细胞耐受性。克雷格·文特研究所（Craig Venter Institute）提出的另一种新颖方法旨在利用大气中的二氧化碳来生产其他类型的燃料，例如甲烷和辛烷。合成生物学可以通过使用更安全、更友好的技术来生产满足我们自身需求的能量，从而改善我们的日常生活。

3. 环境生物修复

污染是一个威胁着全球动植物的环境问题，合成生物学家已经开始利用专门的微生物通过生物修复来解决污染问题。许多这些特化微生物最初是从受污染的水和土壤样本中分离出来的，这些样本为它们提供了在环境受污染胁迫下生存的先天适应行为。这些特殊的行为包括分解无机材料和聚合物，将有毒重金属还原为惰性状态，回收水样中的磷酸盐，使有毒化合物失去活性。正是通过多次反复的突变和定向进化的多次迭代，科学家们才分离出了一些菌株，这些菌株被用来执行生物修复任务，例如清理漏油、隔离/解除毒素以及充当已经存在的环境问题的报告者。目前，有专门分解多氯联苯的微生物。多氯联苯会引起各种健康问题，从简单的皮疹和痤疮到更严重的肝功能衰竭和肾功能衰竭。这些多氯联苯在电气设备、无碳纸和传热流体中用作冷却液，因此在许多电气废料中都有大量发现。还有一些微生物可以分解用来清除水和土壤中石油泄漏的碳氢化合物，从而减少对环境的影响。其他应用包括使用微生物作为生物传感器来检测环境的变化，以及检测毒素的存在。像大肠杆菌和金黄色葡萄球菌这样的微生物已经被特别设计成具有能够感知和促进砷的解毒作用的微生物。2006年国际遗传工程机器研讨会（iGEM）上，来自爱丁堡大学的一个团队提出了一种砷快速检测试剂盒，其使用起来十分便利，且不需要复杂的机器。由于世界上还有许多未知的领域，如深海、极地冰盖和火山口，我们相信有更多的微生物可以解决污染问题。通过更好地理解这些微生物的特性和增加其他具有这些特性的微生物，可解决环境问题，并提供一种可持续的方式，在不影响环境的情况下推动技术进步。

目前，合成生物学作为一个科学研究领域，已引起全球的关注。合成生物学的快速发展由不同国家的政府和私人资金共同促进，如美国国家卫生研究院、比尔和梅琳达·盖茨基金会，中国的南方科技促进可持续发展委员会（COMSAT）、863项目、973项目、国家自然科学基金委员会（NSFC）、科学技术部（MOST）的国家重点研发计划。合成生物学家的目标是开发出快速组装基因电路的工具，使这些细胞具有生物细胞特性，以激发它们无限的潜能。目前，合成生物学仍是一个蓝海产业，仍有深远的发展空间。希望有志之士能投身于合成生物学领域的科学研究，推动中国成为生物技术强国。

何俊龙，南方科技大学生物医学工程系助理教授，新加坡南洋理工大学博士。主要研究方向为利用合成生物学和蛋白质工程来解决各种健康和环境问题，包括建立一个可以使研究人员共享并系统地收集用于蛋白质工程的基因结构的平台。

地球与环境篇

Earth and Environment

什么是水足迹

刘俊国

近年来，我们在日常生活中越来越频繁地看到"水足迹"（water footprint）一词。自2002年荷兰学者阿尔杰恩·胡克斯特拉（Arjen Hoekstra）提出"水足迹"这一概念后，各界人士开始广泛关注。作为全球最大的独立性非政府环境保护组织之一，世界自然基金会（World Wide Fund for Nature）在2008年发布的《地球生命力报告2008》中也引入了"水足迹"的概念，并将其列为环境评估重要指标。

1. 到底什么是水足迹呢

"水足迹"的定义为人类生产和消费过程中消耗的淡水资源总量，是一个能够反映消耗的水量、水源类型、污染量及污染类型的多层面指标[80]。作为消费者，我们所说的水足迹是指我们消费的产品和服务所需要的总水量，包括直接用水量和产品背后隐含的间接用水量。直接用水量指直接消费的水量，包括饮用水、冲澡、洗衣物、冲洗马桶等消耗的水量；而间接用水量则主要指我们不能直观看见的产品和服务的"隐含用水"。例如，当制作烤鸡时，我们先买鸡肉，然后运回家，最后清洗并制作成菜肴，这期间所有消耗的水量就是直接用水量（图5-1）。间接用水涉及的内容非常多，需要从鸡的饲养开始算起，包括饲料种植和加工、养鸡场鸡圈的清洗、鸡的直接喂养等。同时，还包括鸡肉的加工、售卖等一系列过程消耗的所有水量。此外，水足迹还需要考虑水污染问题，也就是我们消费鸡肉的过程和鸡肉生产的过程所产生的被污染的水量。这么一算，仅仅是吃一只鸡，消耗的水量就让人目瞪口呆。

間接用水 直接用水

| 饲料种植、加工、售卖 | 牲畜养殖、加工、售卖 | 烹饪 |

图5-1 鸡肉消费的水足迹示意图

水足迹由蓝水、绿水和灰水构成（图5-2），为什么会产生不同"颜色"的水足迹呢？

蓝水
灌溉用水

绿水
雨水利用

灰水
用于稀释污染的水

图5-2 水足迹组成

这主要是和水的来源特性有关。我们将自然界中的水分为蓝水和绿水。蓝水指存在于江、河、湖泊及地下含水层中的水；绿水指那些源于降水、存储于土壤，并通过植被蒸发消耗掉的水汽，也就是我们无法直观看见的"气态水"。蓝水和绿水都是"实体水"，而灰水则与水污染有关系。在水资源的利用过程中，会不可避免地产生污染物，当污染物排入水体后，引发水质污染。蓝水足迹和绿水足迹分别指生产或消费过程中消耗的蓝水资源量和绿水资源量，灰水足迹指吸收同化特定污染物所需要的淡水量[81]。

2. 如何核算水足迹呢

目前，有两种方法被广泛应用于水足迹核算。一种是产品物质流分析法。此方法与生命周期评价类似,对于特定产品的水足迹核算,主要以产品生产体系中不同阶段涉及的水资源输入(包括蓝水足迹和绿水足迹)和水污染输出(灰水足迹)为计算内容[82]。其中,蓝水足迹核算以直接消耗的蓝水资源量为指标,绿水足迹核算与作物/植物生长直接相关,可用作物生长模型等方法模拟,灰水足迹的核算需要考虑当地水体环境、污染物指标和排污量。另一种是投入产出分析法。该方法从经济学角度出发,考虑经济系统中各部门内在联系及地区间产品供给和消费部门的平衡关系,从宏观角度反映单区域或多区域尺度各部门的蓝水、绿水和灰水足迹。水足迹核算,不仅能够帮助我们分析淡水资源消耗的可持续性和分配的合理性,评价水足迹产生的环境、社会和经济影响,更能深入探讨区域间水资源转移的驱动机制[83],为水资源的可持续利用和管理提供科学依据。

3. 我们日常消费的商品到底蕴含了多少水足迹

答案一定会让你非常惊讶。全球每人的年均水足迹为900 000 L,而我国的人均年水足迹更高,约为1 050 000 L。民以食为天,大部分消费品的生产都需要消耗大量的水资源。消费者平均每天会"吃"掉约5 000 L水[84]。部分日常消费商品的水足迹见图5-3所示。

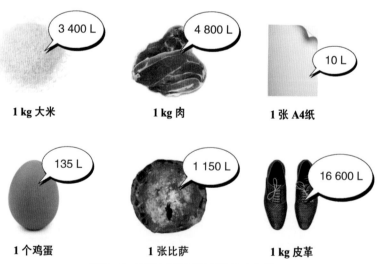

图5-3　部分日常消费商品的水足迹

4．为什么我们需要了解水足迹，它对我们的生活有什么影响呢

众所周知，水资源短缺现象日益严峻，已经成为当今最严重的环境问题之一，水资源危机已经成为21世纪人类面临的重要挑战之一，直接影响着人类的生存和发展。目前，全球超过8亿人缺少安全的淡水资源供给，20亿人缺乏基本的用水设施，每年大约有300万人由于水污染而中毒，其中2万人死亡[85, 86]。

水足迹理念的提出，将人类活动与水资源消耗紧密关联起来，帮助人们更直观深入地了解人类活动对生态环境，尤其是水资源造成的影响。水足迹在应对水资源短缺危机方面为我们提供了一个新的视角，帮助我们有效地管理水资源。大家都应当对自身的水足迹负责，并采取相应措施确保水足迹的可持续性，通过提高用水效率，减少水足迹，进而降低水足迹对我们生活的影响。

日常生活中，为了更加合理地利用水资源，我们可以通过安装节水马桶和节水龙头等措施来降低我们的直接水足迹。对于间接水足迹，我们主要可以通过两种方式来降低：一是改善饮食结构，如用喝茶或喝清水代替喝咖啡，因为咖啡豆的种植及生产过程会产生极高的水足迹，一杯咖啡的水足迹往往远大于同样体积的茶水或清水的水足迹；二是优化消费模式，例如同样一件产品，我们可以选择购买产生水足迹较低的产品，以此来降低产品对水资源短缺地区的影响[87]。

笔者是我国较早从事水足迹研究的学者，自国际水足迹网络成立伊始，就担任该网络的同行评议专家委员会委员，为全球5名委员之一。如今，"水足迹"理念已受到越来越多人的认可，尤其是受到了广大年轻人的青睐。但非常可惜的是，2019年11月18日，"水足迹之父"阿珍·霍克斯特拉（Arjen Hoekstra）不幸辞世，水足迹研究进入了后霍克斯特拉时代。

水足迹研究作为水资源领域的前沿和热点，仍然存在一系列关键科学问题和"卡脖子"技术需要解决。

第一，灰水足迹是一个与水质污染密切相关的概念，但对于如何核算灰水足迹，科学界仍然没有形成一致的看法[81, 88, 89]。灰水足迹

是以自然本底浓度和现有的环境水质标准为基准，将一定的污染物负荷吸收同化所需的淡水的体积。这里有三个问题：首先，如何定义自然本底浓度和最大容许浓度？其次，如果现有的水体体积低于灰水足迹时怎么办？最后，污染物负荷有多种，核算灰水足迹是否需要考虑所有污染物负荷，抑或只考虑关键代表性负荷？如果选取关键代表性负荷，计算出的灰水足迹应该相加还是选择最大值？这些污染物负荷之间的物理化学过程如何考虑？以上问题在科学界仍然有很多争议。

第二，各个国家一般都有蓝水足迹统计数据，却不存在绿水和灰水足迹统计数据。开发构建具有足够时空分辨率的绿水和灰水足迹模拟技术是当前国际学术界关注的核心问题。

第三，利用遥感技术在高时空分辨率下评价农业水足迹近年来开始得到重视，但这方面的研究也才刚刚出现，仍需要更多的研究积累和技术创新。

刘俊国，南方科技大学讲席教授，瑞士苏黎世联邦理工学院博士。国家杰出青年科学基金获得者，英国皇家地理学会会士，享受国务院特殊津贴专家。长期从事水资源和生态修复方面的科研和教学工作，包括水资源时空演变、水质性缺水评价和河流生态修复等。为国际水足迹研究联盟的联合发起人。

纯天然产品真的是最好的吗

李闯创

随着人们物质生活水平的不断提高,人们对生活品质的要求也不断提高。目前,"纯天然产品"已经成为优越生活品质的标签。为了迎合大众,商家开始使用"纯天然"来包装自己的产品,尤其是在食品药品和化妆品界,"纯天然"已成为商家们最主要的噱头,也成为人们购买相关产品的主要标准之一。许多人觉得"纯天然产品"就是好的,因为他们觉得"纯天然产品"不含有任何化学成分。可是,事实果真如此吗?

首先,我们需要明确什么是化学成分。化学成分在纯物质及混合物中有不同的意义,在纯物质中化学成分指的是各种化学元素的比例,如一杯纯水(H_2O)中,氢和氧的比例是2:1;而在混合物中化学成分指的是各种纯物质的比例,如一杯糖水中,糖和水的比例。由此可知,世界上没有不含化学成分的物质。所以,"纯天然产品不含化学成分"是一个伪命题。而我们所定义的纯天然产品是指自然中本来就存在,可直接提取并且无须经过化学加工的产品。

那么,纯天然的产品真的是最好的吗?答案是否定的。随着人们生活水平的提高,肥胖问题成为一个严重的社会问题,因此减肥行业发展迅速。商家们以"纯天然减肥药,无任何危害"为噱头,在减肥市场上无往不利,获利丰厚。可是,纯天然的减肥药真的好吗?首先排除假冒劣质药,就算是原料、加工都符合人们心中普遍"纯天然"标准的减肥药,如果它们干扰人们正常的新陈代谢、影响吸收与消化的功能,会对人体产生有害的副作用,危害人体健康,你还觉得它是最好的吗?

我们再看看抗癌药。癌症已经成为威胁人类生命健康的主要疾病之一，迄今为止，要彻底征服癌症仍然是人类面临的短期内难以解决的问题。正是在这样的环境下，一部分人选择相信大自然的赐予，求助于一些号称纯天然的抗癌药物，许多人迷信于"纯天然"中药、偏方治疗癌症，认为其不会有化疗带来的种种副作用。然而绝大多数该类"纯天然"抗癌药物被证明是无效的，甚至会无差别地杀死癌细胞和人体正常细胞，使人体更加衰弱。例如，国产抗癌药喜树碱是从中药中提取得到的，虽然疗效尚可，但是其毒副作用仍然十分严重。后来有机化学家重新修饰了其化学结构得到新的抗癌药——羟喜树碱，其毒副作用和选择性明显优于"纯天然"的喜树碱。显然，在这一领域，纯天然药物并不比化学药物高效与精确。

化妆品领域对"纯天然"这一标签也是情有独钟。纯天然护肤品大多由一些植物提取物以及无法替代的化学成分组成，因此，"纯天然化妆品不含化学成分"这种说法是无稽之谈。同时，纯天然护肤品或者纯植物护肤品可能会引起过敏，如花粉、动物性蛋白、芦荟等容易对皮肤产生刺激性作用。而且这些护肤品可能无法被皮肤吸收，因为理化性质完整的皮肤只吸收少量水分与微量气体以及脂溶性物质，因此有很大一部分天然产物是无法直接被人的皮肤吸收。最重要的是，化妆品和药品一样，是要经过大量的临床实验的，以验证某些有效天然产物的作用机制与适宜浓度，再运用科技加入安全可靠的基质以及其他合理的化学添加剂，使得产品具有更好的效果与体验，最后再进行工业生产。可以说化妆品是不折不扣的化工产品，市面上只有极少部分化妆品是具有行业认可标准的纯天然化妆品，而且其也经过了一定程度化学工艺的加工与修饰，也会含有微量的非天然化学成分。

由于对化学片面的看法、一些以讹传讹的谣言，一些人会抵触掺入了化学成分的产品。对此化学工作者也做出有力回应，科学家们在*Nature Chemistry*上联合发表论文，详尽地公布了目前不含化学成分的产品名单，见图5-4所示。

nature chemistry

A comprehensive overview of chemical-free consumer products

Alexander F. G. Goldberg[1] and CJ Chemjobber[2]*

Manufacturers of consumer products, in particular edibles and cosmetics, have broadly employed the term 'Chemical free' in marketing campaigns and on product labels. Such characterization is often incorrectly used to imply — and interpreted to mean — that the product in question is healthy, derived from natural sources, or otherwise free from synthetic components. We have examined and subjected to rudimentary analysis an exhaustive number of such products, including but not limited to lotions and cosmetics, herbal supplements, household cleaners, food items, and beverages. Herein are described all those consumer products, to our knowledge, that are appropriately labelled as 'Chemical free'.

References
1. 'Chemical-free' sunscreen. http://camjd.ca/rhtml
2. 'Chemical-free' chemistry set. http://scienegeek.net/etc-chemically-forked-file/
3. 'Chemical-free' mascara. http://www.nytimes.com/2012/03/15/garden/going-to-extreme-lengths-to-purge-household-toxins.html?pagewanted=1&_r=0&_r=0
4. 'Chemical-free' eggs. http://justlikeacooking.blogspot.com/2012/07/chemically-free-vacation-style.html

Acknowledgments
CG thanks Gernot Diehl for pioneering this important topic in the modern chemistry blogosphere. A.F.G.G. thanks the Artists Foundation for an Artist Productivity Fellowship.

Author contributions
Both authors contributed equally in the main text.

Additional information
Correspondence should be addressed to chemjobber@gmail.com including requests for reprints and permission information.

Competing financial interests
The authors declare no competing financial interests, though would have short-sold 'Rather Ducky Resources' on principle if it was publicly traded.

Department of Organic Chemistry, Weizmann Institute of Science, Rehovot 76100, Israel, [2]170 Road 40 1/2, Shell, WY 82441, USA.
*e-mail: chemjobber@gmail.com

图5-4 不含化学成分的产品目录

你没看错！就是一片空白，不存在没有化学成分的产品！

天然产物及其衍生物一直以来都是创新药物的主要来源，也是生物医学研究的重要工具分子。20世纪，以青蒿素为代表的一批以天然产物为基础的药物分子拯救了无数的生命。到了21世纪，合成化学的快速发展和小分子药物的不断出现大大地改善了人类的健康。然而，现在的医药行业还需要面对众多的挑战，需要新的动力来推动下一轮药物的开发。创新的合成化学手段或者合成方法以及源源不断的化学物质是必需的动力。

笔者一直致力于创新性的合成方法的开发以及复杂活性天然产物的全合成研究，围绕有机合成化学中的基础性科学问题，探索和发展原创性的方法学，来进行复杂活性天然产物分子的首次全合成。笔者带领的课题组以生物活性天然产物合成为中心，以药物研发为导向，充分发展和应用现代有机合成新策略及新技术，从而快速、高效地构

量子基石篇
电子与信息篇
材料与化学篇
生命与科技篇
地球与环境篇

165

建多样性的天然产物库，从中发现新的药物分子或先导化合物。至今，该课题组已领导完成20多个具有较大合成挑战性的、具有重要生理活性的复杂天然产物的首例全合成实验。

人和动物的区别在于人能制造工具，而化学是一门让人类制造更好工具的伟大学科，化学与人类生活息息相关。通过合成化学，我们创造与制造药物，保障生命健康；研制新型杀虫剂、化肥，提高粮食产量以满足日益增长的需求；就算是人们整日面对的手机、电脑屏幕，也是由化学家创造的材料制成的。因此，我们不必害怕化学，我们就生活在多姿多彩的化学世界中。

李闯创，南方科技大学化学系终身教授，北京大学博士，美国加州斯克利普斯研究所博士后。主要从事天然产物全合成研究。2015年获得国家自然科学基金优秀青年科学基金项目资助，2016年入选广东省"百千万工程"领军人才，2017年入选科技部中青年科技创新领军人才，2017年获得中国化学会"维善天然产物合成化学奖"。

为什么稻米里会有砷污染

陈勋文

　　稻米作为主要粮食，是人们日常消耗最多的农产品之一，尤其是在亚洲地区。然而，由于土壤的污染，稻米中含有的砷（As）对人们的健康造成严重威胁，稻米砷污染问题受到高度的重视。

　　砷的氧化物三氧化二砷（俗称砒霜）有剧毒。砷存在于地壳中，占比很小，约0.000 2%。砷主要来自地下水和矿山，它进入人类食物链主要有两个途径。第一，地下水溶解地下矿物（包含砷），当人们利用地下水的时候，就会将砷从地球深处带到地面，随后人们灌溉农田时，农作物就会受到污染；第二，人类开采矿山后，雨水冲刷和溶解裸露矿山矿物中的砷，也可将其带入农田。例如，孟加拉国大量饮用含砷地下水和使用含砷地下水灌溉农田，当地群众在饮食过程中摄入大量的砷，导致砷中毒，健康受到严重威胁；在中国湖南，由于采矿作业，雨水冲刷裸露的矿山，将砷溶解后带入附近的农田，也给人类健康带来风险。

　　相比其他农作物，水稻对砷具有更强的吸收能力，因此稻米中砷的含量比其他农作物要高得多。为什么水稻喜欢吸收这种可能产生剧毒的物质呢？我们来探究一下水稻吸收砷的内在机理。

　　水稻作为一种典型的富集硅植物，对硅元素（Si）十分依赖。它通过吸收大量的硅来抵御外界的胁迫，如病虫的侵害。吸收足够硅的水稻强壮且产量高。图5-5[90]对比了含硅和缺硅水稻的情况。我们可以从水稻谷粒、茎和叶上明显地看到，能够良好吸收硅的植株，其产量和抗病虫能力都明显优于缺硅的植株。

图5-5 水稻在充分吸收硅和缺硅情况下的比较

可能你会问，慢着，明明是在讨论砷，为什么要说硅呢？重点就在这里，因为在水稻的眼里，硅和砷长得很像，水稻不能很好地区分它们。

硅（以硅酸形式存在）要进入水稻，经过的第一扇门，就是位于根部表皮的名叫硅吸收基因（Lsi1）的水通道蛋白，这个蛋白镶嵌且贯穿细胞膜，就像是在封闭的细胞膜上开了一扇门，允许符合条件的物质进入。人们发现，水稻田里，由于长期积水，缺少氧气，土壤中存在的砷大部分以亚砷酸的形式存在（即三价砷）。现在我们来对比一下亚砷酸和硅酸分子（图5-6）。

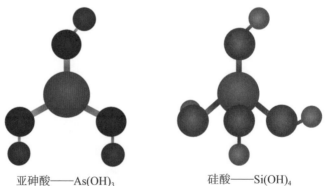

亚砷酸——As(OH)$_3$　　　　硅酸——Si(OH)$_4$

图5-6 亚砷酸和硅酸的分子结构对比

首先，它们的直径大小非常接近，分别为4.11 Å和4.38 Å（Å即埃，1 Å = 0.1 nm）。其次，亚砷酸的酸离解常数（pKa）为9.2，当酸碱值（pH）小于8时，砷大部分以非带电分子的形式存在，而硅酸在pH小于8时，也具有相同的特性。

基于以上两个相似点，研究人员就想水稻会不会"认错人"了，把"坏人"当作"老朋友"主动地请进了家里（图5-7），于是一个科学假设就产生了，接下来就是要验证这个假设。

图5-7　砷和硅长得太像，面对砷的到来，水稻一不小心就放行了，以为它是硅

最直接的验证方法就是：

（1）把水稻的Lsi1基因敲掉，看水稻是否还能吸收砷。

（2）把水稻的Lsi1基因分离出来，验证它是否具有转运砷的功能。

如果把Lsi1基因敲掉，也就是转基因了。现在制作转基因植物的技术很成熟，我们只需要知道目标基因的密码序列，就能培养出转基因后代。而分离基因后，再将目标基因注入酵母菌细胞或蛙卵细胞内，让该植物基因在酵母菌细胞或蛙卵细胞内表达，进而验证该植物基因的功能。

实验结果表明，敲掉Lsi1基因后的植株吸收砷的能力几乎丧失殆尽（当然也不能吸收必需的硅元素了），而含有Lsi1的蛙卵细胞，能够很有效地将砷从细胞外转运到细胞内（图5-8）。

图5-8　正在通过Lsi1水通道蛋白进入水稻体内的砷

科学家还利用荧光成像的办法对Lsi1进行定位，发现它会出现在表皮层和内皮层远端（图5-9绿色部分），而另外一个具有硅转运功能的蛋白Lsi2，则出现在近端（图5-9棕色部分）。

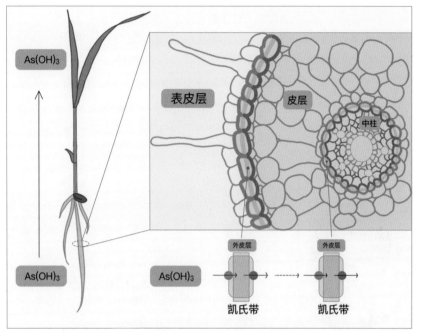

图5-9 水通道蛋白Lsi1和Lsi2位于根部外表皮和内表皮

其实水稻"认错人"的情况还不止一种。当水稻遇到锰和镉时，它的"老毛病"又犯了。例如，水稻通过Nramp5（自然抗性相关巨噬细胞蛋白家庭中的一员）蛋白吸收必需的锰时，同时吸收了重金属镉。

那么稻米中砷污染的问题如何解决呢？

科学家已经提出了一些有效的方法，例如在稻田里增加硅肥的使用，与砷竞争，以减少砷吸收；改变稻田水分管理，增加土壤中的氧气量，让三价砷变成五价砷；选择少吸收砷的品种来种植；改变烹饪方式；修改吸收砷的基因，等等。但是，这些方法都不是最佳方案，例如品种差异、不同的土壤类型导致的差异、成本与产量、社会不接受转基因产品、砷与其他污染物（如镉）相互作用等因素，往往导致需求不能同时得到满足。现在最前沿的研究方案是选择好的水稻品种进行杂交，产生能最大限度满足不同需求的品种。

　　除了水稻本身的特点，水稻或其他作物所处的土壤环境也是影响其吸收砷和镉的重要因素之一。例如，一种与水稻植株共生的真菌，它能够通过提高植物对磷的吸收率[91]，提高植株产量，降低所吸收砷的浓度，改变Lsi1、Lsi2、Nramp5的表达量及细菌种群，从而减少可以被植物吸收的重/类金属的量。这里有大量的未知有待我们探究，我们希望环境中原来就存在的强大微生物能帮助我们解决这个问题，并探索未知的科学。

陈勋文，南方科技大学环境科学与工程学院研究助理教授，香港科技大学博士。主要研究植物–微生物互作的营养及生理在土壤和生态修复中的作用和意义。发现了共生真菌能够影响水稻对砷和镉的吸收，且对植物纤维素合成具有显著影响，加深了人们对陆地生态系统碳循环的理解。

怎样才能让重金属污染物"宅"在家

唐圆圆

当你拿起擦得锃亮的金属汤勺准备享用美食的时候，当你在商场挑选琳琅满目的电镀饰品的时候，当你摆弄你的合金玩具小汽车的时候，甚至当你沉浸在iPad（平板电脑）播放的动画节目的时候，你有没有注意到它们之间的共性呢？是的，这些物品虽然很不相同，但是它们都有着光鲜闪亮的外表。要想达到这种效果，我们需要一种工艺——电镀，也就是在物品的表面镀上一层金属。

电镀是非常有用的工艺，但电镀过程会产生很多废水，其中含有各种重金属，包括铁、铜、金、镍、镉等，它们大都是主要的环境污染物。例如，多地爆发的儿童血铅超标、云南曲靖铬污染、湖南镉大米等一系列重金属污染事件，引起了社会各界的广泛关注。

电镀废水是重金属污染的重要来源之一。重金属随废水进入环境四处游荡，进而被动植物吸收。最可怕的是人类摄食这些吸收了重金属的动植物后，身体机能可能会发生病变。例如，镉会让人的骨头变得很脆，铅会让人头痛眩晕、烦躁不安，严重时还可能让人患癌症，甚至死亡。

讲到这里大家也许会担心，甚至都不敢再用电镀的商品了。实际上，重金属危害与否与它们的存在形态有关，在某些形态下它们比较"调皮"，可以自由地跑到环境当中，比较危险。但在另外一些形态下，重金属就比较"安静"，喜欢在房子里待着，不爱到处串门。

为了减少重金属的危害，我们需要设计一所让它们舍不得离开的"房子"，而这所房子就是晶体。

我们知道晶体由原子组成，如果这些原子规则整齐地排列在一起，就好像我们盖的房子一样（图5-10）。像宝石一样美丽的晶体叫尖晶石（spinel）[92]，如果晶体里面含有的元素不同，尖晶石就会呈现出不同的颜色。如果我们把它的晶体结构画出来的话，是不是就很像通过原子规则排列建造起来的"小房子"？这些"小房子"非常坚固，即便受到外界环境的攻击，它的结构也不容易被毁坏，这样重金属原子就会安安稳稳地待在这些"小房子"里面，不再到处乱跑，当然也就不会对我们的身体造成危害了。

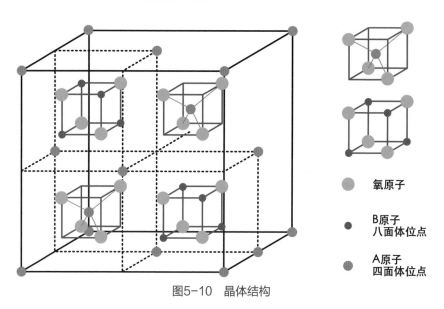

氧原子

B原子
八面体位点

A原子
四面体位点

图5-10 晶体结构

那怎样才能建造这样的"小房子"呢？

有一种办法就是"烧"。做陶瓷时，我们先用软软的黏土做成喜欢的形状，等慢慢晾干之后再放到窑炉里面去烧，烧出来的陶瓷会变得很坚硬，而且上了釉的表面会很光滑。

我们给重金属"造房子"也可以采用这种方法。黏土最主要的成分是高岭土，它的化学式可以写成$Al_2Si_2O_5(OH)_4$，它里面含量最高的是Al（铝）和Si（硅）的氧化物。我们可以把重金属的化合物和这些黏土混在一起，像做陶艺一样，在高温下烧结，重金属就会与黏土里面的Al、Si、O（氧）元素一起搭建起规则的"小房子"。显然，

"房子"的"户型"会因为重金属与黏土的反应条件不同而不同。尽管它们结构不一，但是都非常坚固，因此重金属就被保护在这些稳定的结构里（图5-11）[93]。例如，重金属Zn（锌）就会和Al以及O架起一栋"小房子"，这个"小房子"的化学式是$ZnAl_2O_4$。Zn就待在这个架起的"小房子"里面，任凭外界环境怎么变化，它再也不愿意跑出去了。

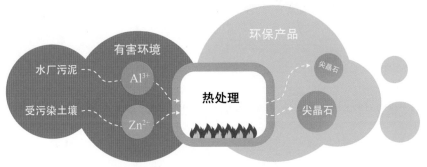

图5-11　用含Al的黏土将重金属Zn稳定在尖晶石结构中的过程

尖晶石不仅有固定重金属的效果，还有各种大用处，例如它的颜色非常美丽，可以作为宝石，含铁的尖晶石还可以作为磁性材料，还有些尖晶石具备催化性能。

这个"盖房子"技术非常实用，可以拓展到含有重金属的固体废弃物上。目前我国约有15 000家电镀生产企业，每年产生约1 000万吨电镀污泥[94]。对待这些含重金属的固体废弃物（电镀污泥）时，建造一个能够稳定它们的"房子"就至关重要了。

为了证实这种思路的可行性，我们从工厂采集电镀铜泥，然后与黏土材料混合烧结之后，发现重金属真的不那么容易跑出来了，铜离子溶出量（图5-12的最右侧）甚至降低至原来的几百分之一[95]。从图5-12中可以看出，不同温度下烧结出来的产品颜色和内部结构也大不相同。这些不同颜色、不同结构的产品还可以作为无机颜料，也可以用作工业上的耐火材料，还可以设计成过滤工业废水的陶瓷膜，等等。

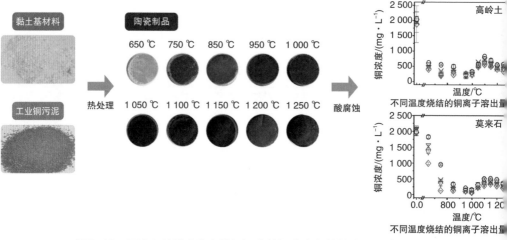

图5-12　用含Al的黏土将电镀铜泥中的铜稳定化并做成不同性能的产品

这样一来，我们不仅可以控制重金属对环境和人类的污染，而且可以把这些固体废弃物解决掉，做成的产品还能再进一步资源化利用，真是一举三得！

唐圆圆，南方科技大学环境科学与工程系助理教授，香港大学博士、博士后。研究主要围绕固体废弃物资源化和环境材料应用展开，具体包括低温陶瓷烧结过程中重金属矿相重构稳定化机理、生物质固废热解资源化过程中物相构成及耦合反应机制、典型城市固废陶瓷反应体系的物相调控及陶瓷膜研发等。

什么是土壤里的营养小金库

王俊坚

　　土壤处处可见，与我们的生活息息相关。它可供植物生长，也能净化地下水和改善河流的水质，为人类提供粮食和干净的水源。没有土壤，人类也就无法生存。土壤由很多物质组成，其中，有一种神奇的物质叫作"土壤有机质"，它由植物、动物和微生物等生命体逐步分解而产生。地球上大多数土壤只含0.5%~5%的有机质，但是它们对土壤非常重要，总结起来有六大作用。

　　第一，土壤有机质为土壤提供肥力，是营养小金库。土壤有机质表面有大量带电的活性点位，可以结合植物所需的营养物质，如氮（N）、磷（P）、钾（K）、钙（Ca）、镁（Mg）、硫（S）和其他微量元素。当土壤水分中的营养元素被植物吸收后，土壤有机质这个小金库可以把营养物质源源不断地释放到土壤水分中，保障植物的营养来源。另外，土壤有机质中还有一些小分子，是一些微量营养元素的搬运工（螯合剂），协助其把这些营养元素转移到植物体内。土壤如果没有了有机质，就无法成为花草树木茁壮成长的温床。

　　第二，土壤有机质还能结合有毒有害的无机污染物、有机污染物，包括重金属和有机农药等（图5-13）。如果土壤被很少量的污染物污染了，土壤有机质可以结合污染物，不让农作物吸收，这样我们就可以放心地吃粮食、蔬菜和瓜果。另外，土壤有机质像海绵一样吸收污染物，减少污染物向地下水或者水库的转移，保障我们的饮用水安全。不过，如果土壤被严重污染，土壤有机质就像吸满脏水的海绵，不但不能再吸收更多污染物，反而会溢出污染物到我们的饮用水源或者被农作物吸收。所以我们一定要保护好土壤，不让它受到污染。

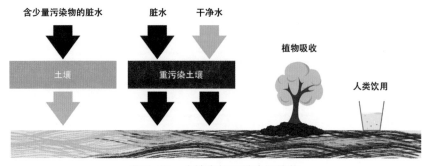

图5-13　土壤有机质结合污染物

　　第三，土壤有机质非常特别，它可以像胶水一样，把土壤中的小颗粒黏结在一起（土壤团聚体），这样土壤就不容易被水冲走或者被风吹走，也就是我们常说的，不容易发生水土流失（图5-14）。此外，团聚体丰富的土壤松紧适宜、通水透气，有助于植物的根更好地生长和吸收氧气、水分和养分。

图5-14　土壤有机质黏结小颗粒为土壤团聚体

　　第四，土壤有机质还可以利用其吸热和传热特征影响土壤的温度（图5-15）。土壤有机质一般呈黑色或者棕色，因此可以吸收更多的热。尤其是在寒冷地区，深色的土壤有机质帮助土壤表面吸收更多的热量，可以促进植物种子的发芽。除了改变热吸收能力，土壤有机质也可以减弱热量传递。在炎热的地区，土壤表层的有机质传热慢，使深层土壤保持较低温度，土壤深处的小生物们依旧可以舒适地生活。

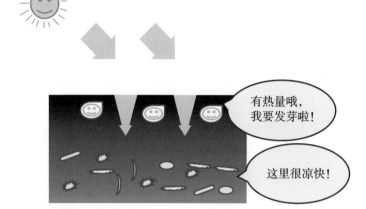

有热量哦，我要发芽啦！

这里很凉快！

图5-15　土壤有机质影响土壤温度

第五，土壤有机质有时还可以帮助侦破犯罪案件（图5-16）。土壤有机质的组分非常复杂，里面包含成千上万个不同的分子，而不同来源的有机质有各自特殊的分子组成特征。这些具有特定指示作用的分子常常被叫作"生物标记物"。只需要采集犯罪嫌疑人鞋底或衣服上的少量土壤，通过分析这些标记物，就可以判断犯罪嫌疑人的行踪，为破案提供有用信息。

图5-16　土壤有机质"生物标记物"协助追踪

第六，土壤有机质还会影响地球的气候变化和人类的命运（图5-17）。工业革命以来，化石燃料的燃烧向大气排放了大量的二氧化碳（CO_2），使地球温度上升，并引起了一些极端气候事件。相比之下，全球土壤有机质在分解过程中的二氧化碳排放量大概是化石燃料燃烧的好几倍，假如将来土壤有机质变得越来越不稳定，可能会排放出更多的温室气体，那我们就会面临更严重的全球变暖风险。

图5-17　土壤有机质影响地球气候变化

土壤有机质是稀缺资源，1 cm厚的富含有机质的土壤需要数百年才能形成，但土壤发生退化可能只需几天时间。土壤质量退化，包括土壤侵蚀和土壤污染等，已经成为全世界面临的严峻问题。在未来的几十年，我们将面对很多重大的科学技术挑战：

（1）全球耕地面积锐减，人口持续增长，如何用更少的耕地养活更多的人口？

（2）如何科学地使用肥料，使土壤更肥沃而又不会增加环境污染？

（3）如何高效地修复被污染的土壤与地下水？

（4）如何降低全球变暖过程中土壤的温室气体排放？

（5）如何维持好土壤中的生物多样性，充分认识土壤中上万种特殊微生物，并且将它们的特殊功能应用于其他的科学领域？

（6）土壤的化学本质是什么？是否可能快速、绿色地生产土壤这种资源？

现代土壤科学是一门仅仅发展了100多年的新学科，这些挑战同时也是学科发展的机遇。相信在科学家们的共同努力下，未来土壤科学将进一步成熟，并为人类社会的持续繁荣提供充分的保障。

王俊坚，南方科技大学环境科学与工程学院助理教授，美国克莱姆森大学博士。研究领域包括基于核磁共振谱与高分辨质谱的天然有机质形成、转化和影响，碳、氮元素与环境污染物的生物地球化学循环过程。

荷叶为什么能出淤泥而不染

邓旭

　　盛夏的荷塘里，一眼望去，一张张青翠的荷叶像一个碧绿的大玉盘。下雨的时候，雨滴掉落在荷叶上，荷叶随之摇摆。可是无论雨下得多大，雨滴也不会润湿荷叶，而是受到冲击飞溅出去，剩余的雨水则变成一颗颗圆润的水珠在荷叶表面来回滚动，形如珍珠［图5-18（a）］，恰似唐代诗人白居易在《琵琶行》中所描述的"大珠小珠落玉盘"的场景。

　　雨过天晴，荷叶表面焕然一新，不仅没有沾染多少雨水，原有的尘土也被滴落在荷叶上的雨滴带走。正因如此，荷叶才有了"出淤泥而不染，濯清涟而不妖"的美誉。

　　除了荷叶，还有许多生物的表面也对液体具有类似特殊的性质，如有"铁腿水上漂"之称的水黾［图5-18（b）］，能轻松漂浮在水面并能自由运动。仔细观察，就会发现水黾腿部长有微结构的刚毛，能够在水表面形成螺旋状的纳米沟槽，气泡吸附在沟槽中形成气垫，能排开有自身体积300倍的水，这使得水黾获得了足够的浮力，从而漂在水面上[96]。

　　根据以上自然界的神奇现象，我们对"超疏水"这一概念有了初步认知。当水滴和材料表面接触时，二者之间会形成静态接触角（图5-19）。这个接触角根据材料表面性质的不同而变化，当接触角θ大于150°时，这种表面被称为超疏水表面（superhydrophobic surface）。超疏水是功能材料表面最基本的物理特性之一，表示材料表面具有特殊浸润性，是影响材料性质的重要因素。

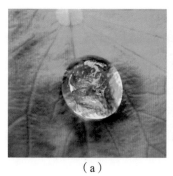
（a）

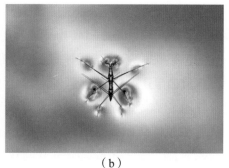
（b）

图5-18 "超疏水"现象

（a）荷叶上的超疏水现象；（b）水黾漂浮在水面上

　　润湿性科学研究的先驱是托马斯·杨，他在1805年提出了液体接触角的概念，即固、液、气三相交界处，作气液界面和固液界面的切线，两切线的夹角即接触角（contact angle），用θ表示［图5-19（a）］。他还提出了著名的杨氏方程用以量化表面润湿性，它是描述固气、固液、液气界面张力γ_{SG}，γ_{SL}，γ_{LG}与接触角θ之间关系的方程式。接触角为三个相界面表面张力的函数，它既与材料表面性质有关，也与液相、气相的界面性质有关。

　　规定接触角90°为疏水表面与亲水表面的分界线。当$\theta>90°$时，固气间界面张力小于液气间界面张力，液滴收缩，沿表面聚集成珠状且表面不易被润湿，表现为疏水。当$\theta>150°$时，这种表面被称为超疏水表面。

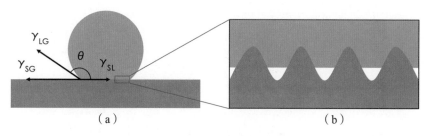

（a）　　　　　　　　　　　　　　　（b）

图5-19 接触角和固液界面结构

（a）接触角示意图；（b）固液界面结构放大图

超疏水表面凭借其特殊的浸润性和较低的表面能在医学、军工、建筑、电子等诸多领域都有着广泛的应用。当用超疏水材料时，会发生很多违背常识的奇怪现象。例如，将一盆染料泼向一件衣服，衣服却没有被玷污；手机等电子产品掉落水中，不会出现线路短路，仍能正常使用；船桨从水中划出时，竟未带起一滴水珠。

除了以上功能，利用超疏水功能实现材料表面的自清洁是其最为广泛的一类应用。在自清洁表面，水呈近球形，在表面滚动，水滴滚动的同时能清除表面污垢（图5-20）。自然界的生物很神奇，它们很多都会利用超疏水功能。例如，蝉翼的表面由规则排列的纳米柱状结构组成，每个纳米柱直径约为80 nm，纳米柱的间距约180 nm。纳米柱表面具有一定的粗糙度，使其能稳定吸附一层空气膜，形成超疏水表面，实现蝉翼表面的自清洁。

图5-20　超疏水结构自清洁功能

此外，超疏水现象还可应用于表面防雾。如蚊子的复眼，使它们有很好的视力，即使在多雾和潮湿的环境中，眼睛也能保持干燥状态。其优异的防雾性能来自其多尺度的表面结构，这些结构由六边形非紧密填充的纳米微单体覆盖而成。类似的排列结构也可以在蛾眼和蝉翅上观察到，它们还具有抗反射的性能。

在分析仪器和医疗仪器的眼镜、挡风玻璃、护目镜、镜片和显示屏等装置表面，积聚的雾会造成严重的经济和安全问题。超疏水功能可以解决这一难题，我们可以通过改变表面化学成分、粗糙度以及几何形状，来调节水滴与固体表面的相互作用，形成超疏水表面，水滴自然就不会停留在这些设备表面，就可以还它们一个干净的外表。

超疏水现象的另一个重要用途在于减小阻力，如在有超疏水微结构的轮船、潜艇等流体器件的表面的应用。由于微结构中充满空气，水流主要从微结构间的空气层流过，液体与气体之间发生无剪切滑移，导致层流和湍流的阻力都大幅度降低。这对降低流体器件表面与液体间因摩擦而产生的巨大阻力和提高能量利用率都有着极大意义。

由于超疏水性能的材料与水或油类物质的结合力小，因而能有效避免湿气与污垢在物体表面富集，减少细菌与表面之间的蛋白质吸附。在医学领域中，利用这些材料，并通过其与抗菌剂的协同作用，可构建除菌、抗菌效果明显的涂层。

超疏水表面的应用远远不止以上所提及的例子。超疏水作为一项物理、生物、化学以及材料等多学科交叉的新型前沿技术，将会受到越来越多的关注，超疏水表面在实际应用中也会有更大的突破。

邓旭，电子科技大学基础与前沿研究院教授、博导，德国马普高分子研究所博士，美国加州伯克利分校/美国劳伦斯伯克利国家实验室博士后研究员。主要从事材料表面、物理化学、仿生材料等相关研究。获得欧洲国家发明专利3项，美国发明专利2项。在*Nature*、*Science*以及*Nature Materials*等著名杂志发表文章40余篇。

地下的石油和矿产资源是怎么找到的（上）

杨迪琨

资源是推进人类社会发展的最直接动力。人类从几百万年前就开始利用各种自然资源，并促进了时代发展。从石器时代、青铜时代、铁器时代，一直到工业革命时代，毫不夸张地说，采矿水平直接决定了一个文明的先进程度。

现代科学萌芽之前，人类基于地球表面的现象观察，总结经验，开发一些浅表资源。工业革命以后，人类对自然资源的需求大增，需要探索地球深部的资源，客观上推动了地球系统科学理论的建立。

地球上任何的成矿过程都遵循严格的物理、化学和生物规律。因此，从一开始，地球系统科学理论就集成了多学科的优势，对成矿规律进行系统研究，进而在目标区圈定找矿的"靶区"。所谓地球成矿，其实就是地球元素的富集，这和人体中的结石过程有些类似。一般情况下，岩浆活动可以导致矿物富集。例如，环太平洋火山带上就发现了许多大型高品位金属矿；我国山东省有多个大型金矿的存在，白云鄂博是世界著名的稀土产区。与金属矿床不同，石油、天然气等烃类比较轻，易于流动，它们在沉积岩中生成，然后转移和储藏。在所有地质构造中，大型沉积盆地是最佳的油气储藏地，于是大型盆地也就成了油气勘探的首选地区。例如，我国著名的大庆油田就是在松辽盆地发现的。

根据地质理论，地质科学家可以圈定成百上千平方千米范围的潜在矿区。但是，要想真正找到具体的矿产层位，还需要更精确的方法。20世纪初，"地球物理探测"技术逐渐发展起来，成为帮助我们透过地表详细观察地球内部构造、寻找各类资源的有力武器。

物理方法也能找矿？

答案是肯定的。物质不同，它的物理性质也就不同。尤其是矿产资源，体积大，埋藏深，有其独特的性质，包括密度、磁性、导电性、放射性、对波的吸收和反射性等。例如，磁铁矿具有很强的磁性。有些报道提及有些地区是死人谷，游人拿着指南针都会迷路。其实原理很简单，这些地区的岩石具有强磁性，把局部地球磁场的方向都弄乱了。根据这个特征，我们可以找强磁性的矿产。很多有经济价值的金属矿体里面伴生磁铁矿，可以导致局部地磁场的扰动，所以磁场测量能够发现一些地表无法直接看到的隐伏矿体。

再如密度。两个物体之间都有吸引力，谁的密度大，相同体积的质量就大，引力也就大一些。如果地下有一大块高密度的物质，这一地区局部的引力就会增加。当然，一般人肯定察觉不到这种细微的变化，但是重力仪器可以。我们知道重力加速度平均值为9.8 m/s²。要想找矿，这台重力仪就要能测出这个数值的一百万分之一的变化。例如，如果某地的地下水位下降，岩石孔隙中的水被空气代替，岩层的整体密度就会下降，局部的重力加速度值就会减小，因而通过精密的重力场测量可以判断地下水位变化，为水资源利用提供依据。

放射性就更好理解了。电影《山楂树之恋》中的男主角就是受到放射性矿床的长期辐射得病而死。用灵敏仪器很容易找到这样的矿床。现在人们装修很讲究，用到天然石材时，都会先去测量一下放射性指标，以确保安全。

导电性也很有用。例如，大坝如果存在裂缝，有水灌入，该如何检测呢？科学家可以把电流通入地下，在有水的地方导电性增加，电流聚集，我们在地表测量电场就可以知道哪里出现裂缝了。

地震波的原理跟蝙蝠和潜艇的声呐测距类似。波走到地下，碰到不同岩石的分界面时会反射，设法接收这种反射回来的波，就能算出地下反射面的位置和形态。天然地震能量巨大，形成的地震波甚至可以穿透整个地球，因此，地震是科学家研究地球深部性质的

量子基石篇

电子与信息篇

材料与化学篇

生命与科技篇

地球与环境篇

重要方法。

以能源"新宠"海底天然气水合物（俗称"可燃冰"）为例，在可燃冰勘探中，勘探人员用船舶拖曳人工地震震源，在海水中激发地震波，这些波传向海底，穿透沉积物，再反射回海面。于是，绑在震源后面的检波器就可以接收从海底反射的回波。可燃冰储层性质特殊，可以强烈改变入射波的性质（包括振幅和频率成分），于是其返回来的波会呈现出独特的强烈反射信号，被称为"似海底反射面"（bottom-simulating reflector，BSR）。捕捉到BSR就像打猎者看到了兔子的脚印，追踪这个脚印，就可发现可燃冰了。

当然，单独的方法有局限性和多解性。为了提高可靠性，除了利用地震反射波特征，我们还可以利用其他物理性质。例如，低温高压下，可燃冰呈固态，储层内缺乏离子流动，与一般海洋沉积物相比，可燃冰有更低的电导率。如果在海水中放置一对强电流电极，并同时测量海底附近的电磁场，那么在可燃冰附近测得的电场幅度会明显升高，这种方法就是海洋电磁勘探（图5-21）。

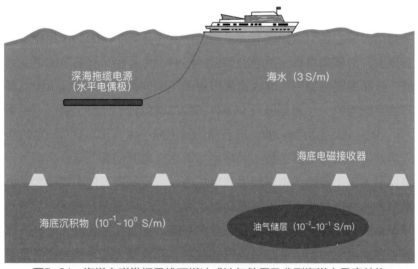

图5-21　海洋电磁勘探寻找可燃冰或油气储层及典型海洋电导率结构

除了地震和电磁之外，上面提及的磁法和重力方法也常常被用来找矿。很多时候，我们需要把上述方法尽可能地全集成起来，以互相印证，提高探测的可靠性。所谓"孤证不立"，有时候地球物理探测跟警察破案还有几分相像呢。

　　杨迪琨，南方科技大学地球与空间科学系助理教授，英属哥伦比亚大学地球海洋和大气科学系地理物理学博士。研究领域为勘探地球物理、电磁探测及地球物理技术在资源环境领域的应用。

地下的石油和矿产资源是怎么找到的（下）

杨迪琨

地球物理探测常常被形象地比喻为"给地球做CT"。这是因为其基本原理跟医学成像中电子计算机断层扫描（computerized tomography，CT）非常类似——首先向被检测对象（人体或地球）激发一个物理场，然后在外部检测对象的响应，再从响应中推测被检测对象的内部结构。在医学成像中一般应用X射线或超声波，根据人体组织器官对射线和机械波的吸收与反射特性来推断人体内部结构；在地球物理探测中使用的则是地震波或电磁波，这些波可以穿透地下介质，因而能达到"透视"的效果，为找矿提供依据。

虽然医学成像和地球物理探测有着相似的基本原理，但是地球物理探测的难度和复杂度却要远远大于医学成像。因为地球太大，内部结构太复杂，我们通过地球物理探测的方法获得的数据是有限的。科学家在数据处理上就得另辟蹊径，找到巧妙的解决方案。

使用外部的观测数据反推内部的结构在地球物理探测中叫作"反演"，属于应用数学中的逆问题。例如，看到有人流鼻涕，我们判定这个人可能感冒了，但是也可能是过敏引起的。所以，反演的最大特点就是解释的非唯一性，即仅靠体外或地表的观测数据不能唯一地确定内部结构。换句话说，仅凭流鼻涕，我们无法唯一地确定患者的病因。

为了方便理解，我们再打一个通俗的比方。有10个人聚餐，从饭店老板的角度来看只知道一共需收餐费1 000元（外部观测），但现在要求根据食用量计算每个人具体分摊多少餐费（内部结构）。显然，在仅有外部观测数据（1 000元）的情况下，这个问题有无穷多的答案，根本没有人算得清楚，所以在实际生活中我们往往取平均值。可想而知，这样不分青红皂白平均出来的分摊结果会跟实际情况有很大偏差，很多人都不会满意。有的人饭量小，但是交一样的钱会觉得亏了，而大肚汉就会很高兴。为了减小误差，更接近真实情况，我们需要增加信息，尽可能多地进行额外观测，例如根据每个人就餐前后的体重差来推算食用量。还有一种方案是根据每个人的体重按比例付费，也就是假设体重越大的人饭量也越大。

去饭店吃饭挨个过秤？这个操作听上去很匪夷所思。但是大家若看过电影《西虹市首富》的话就能想起来，男主角推出"脂肪险"，为了准确计算，确实应用了称体重进行前后对比的方法。医学CT实际上就用了这种思路，将包含发射源与接收器阵列的探测装置围着人体旋转，用X射线把人体每个部位都照个遍，从而得到极高分辨率的内部结构图像（图5-22）。

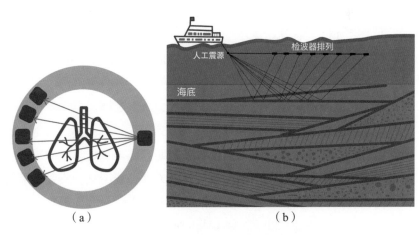

图5-22 医学成像和地球物理探测类比
（a）医学成像（X射线透射CT扫描）；（b）地球物理探测（海上反射地震勘探）

相比之下地球物理探测可施展的空间非常有限。由于只能把探测仪器放在地球表面拾取反射波，地震波射线的覆盖范围将受到发射和接收位置的制约。遇到射线覆盖不到或者覆盖较少的地方，就好比某些聚餐的人逃过了称重这一步骤，相应的地下结构就不容易分辨清楚了。

地球物理探测还有一大难点是先验信息有限。先验信息代表我们在实施观测之前就已经知道的信息。例如在医学上，解剖学告诉我们骨头、血管、器官的大概位置，即使换不同的患者，其生理结构也八九不离十。医学成像一旦遇到模糊的地方，可以充分利用先验信息辅助分辨，甚至用窥镜、微创等手段进去看看。但是现在人类对地球的理解还相当落后，我们没法建立如解剖学般精密和普适的先验信息，也不能随意把地球打开看。这就好比在前面吃饭的例子中，我们既不便让聚餐的10个人逐一称重（观测数据不足），也不知道高矮胖瘦、年龄、胃口等个人情况（先验信息不足），获得内部结构的精确图像就更加困难。如果退而求其次，让每两个人一组称重，用两个人的平均体重代表该组的信息，那么一共只需要测量5组数据。这个方案是精度和效率的折中，虽然在实践中可行性更强，但是得到的分配方案显然并不是最精确的。

即使存在诸多难题，地球物理探测仍然是目前寻找地下资源最为有效的方法之一。目前，地球物理学家们正广泛汲取地质、数学、物理、电子、计算机等交叉领域的最新研究成果，从各个方向攻关观测数据和先验信息不足的问题，并发展出如全波形反演、模糊聚类反演等高精度勘探成像方法。近年来名声大噪的人工智能技术也为下一代地球物理探测提供了新的思路——如果把地球作为机器学习的对象，那么经过大量历史数据的训练，计算机强大的神经网络是不是就能具备"脑补"缺失数据或者先验信息的能力呢？

笔者目前主攻地球物理电磁探测的三维高精度快速成像。所谓三维成像，就是从地面探测网采集到的数据推演出地下电导率等参数的三维分布，是最先进的探测技术之一。图5-23中，各种颜色代表每一个像素内的电导率，地下矿体有较高的电导率，以红色表示；地面的线和点代表地面地球物理装置和数据测量的位置。有了这样一个三维分布，任意给出一个地下空间中的点，不用开挖就可以知道这一点上的电阻率值，并且能够推测如含水量、矿化度等更为有用的参数。如果把大地想象成由许许多多个乐高积木拼成的物体，我们的工作就好比是又快又准地确定每一块乐高积木的颜色。这听上去是不是简单又好玩？实际上并不容易。在医院做CT，我们当场就可以拿到结果；但是如果给地球做CT，因为被探测对象尺度太大，往往需要大型计算机集群用几周甚至几个月的时间解方程。可别小看这几个月，几个月足以显著拉长矿产资源的开发周期，产生让生产单位无法负担的成本。而且某些情况下地下结构会在短时间内发生快速变化，等成像结果算出来，已经没有用了。所以，我们的主要工作就是为成像问题开发效率更高的并行算法，目标是让地球物理探测也能做到像医学CT般立等可取。目前我们已经开发出一套独特的技术，可以把一个庞大的地球物理问题拆分为成千上万个小问题，然后在大规模并行计算环境下将其各个击破。就好比孙悟空拔下一撮汗毛，一吹变成一群小猴子，每个小猴子可以各行其是，办事效率都高多了。

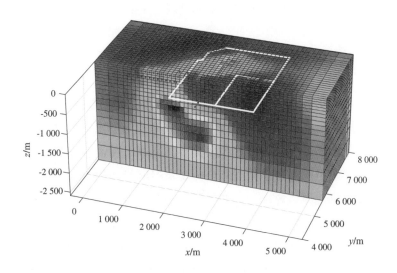

图5-23 由数百万个像素堆叠构成的某铜锌矿三维反演成像结果

卫星为什么能"看见"大气污染

李莹

　　人类可以通过眼睛观察这个世界，得益于其精密完美的构造。但是，眼睛只能看到有限范围的事物。因此，人类利用望远镜来拓展自己的视界，并利用摄影技术保留看到的图景。进入21世纪以来，随着技术发展，作为人类从更大的尺度观察地球的"眼睛"，卫星以其可视范围广以及信息获取速度快等特点备受青睐，人类对地球的认知也由此大大拓展。

　　与人类的眼睛相仿，卫星之所以能"看见"地球上的大气和海洋，是因为卫星搭载的传感器可以接收并记录大自然中不同波段的光信号及其强度。这些光信号信息被卫星传感器捕获，再经过信号广播，当地面接收站接收与处理后，就变成了我们熟知的卫星影像数据。

　　事实上，我们日常生活中所说的"光"只是电磁波的一种。电磁波在自然界中的分类非常广泛，其波长从几纳米到几米不等（图5-24），人类肉眼所能看到的可见光只是整个电磁波谱的一小部分。相比之下，卫星传感器却可以通过特定的感光元件"看见"人眼所不能看到的电磁波波段（如紫外、红外波段）。人类对许多波段的电磁波的性质都已经有了比较深的认识，通过对信息量如此庞大的电磁波做更进一步的分析，卫星传感器在陆地、大气以及海洋污染监测中的应用能力不断提升，从而造福人类社会。

　　其中，大气污染问题已成为目前影响我国城市和区域可持续发展及环境外交的重要因素。全面掌握大气污染的区域分布情况以及变化规律，对环境治理与规划尤为重要。卫星作为人类的太空之眼，在大气环境变化的连续性、空间性以及趋势性监测方面具有明显的优势。

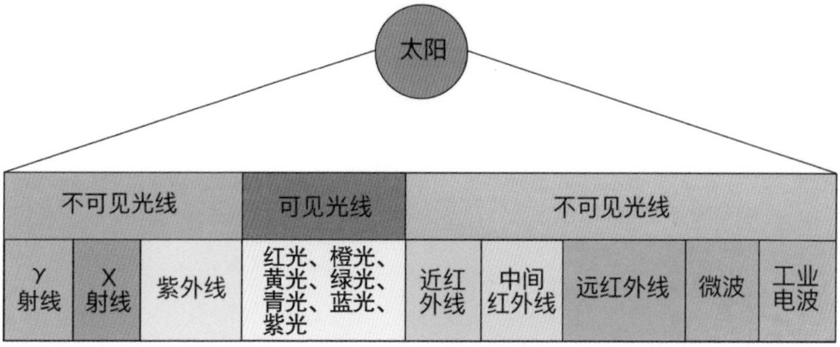

太阳

不可见光线			可见光线	不可见光线				
γ射线	X射线	紫外线	红光、橙光、黄光、绿光、青光、蓝光、紫光	近红外线	中间红外线	远红外线	微波	工业电波

图5-24　电磁波谱

在卫星遥感影像中，我们可以辨别出大气污染的基本分布状况（图5-25）。但大气与地表辐射相互作用，产生了一种地气相互耦合的辐射信息，给基于卫星数据的大气污染物定量化计算带来了一定的困难。

图5-25　利用卫星遥感影像监测大气污染

当前，国内外众多学者针对这一科学问题，利用多源卫星遥感数据的中紫外、可见光以及近红外波段观测到的辐射信息，通过建立地表辐射模型，分析不同波段之间的相互关系（如浓密植被的红波段的辐射值约为蓝波段的2倍），利用太阳辐射传输等相关理论，对卫星观测中的大气贡献进行分离，就能依据大气的辐射强度达到进一步定量化大气污染物的浓度信息与参数的目的（图5-26），从而以"上帝视角"为全球、区域及城市尺度环境污染的监测与治理提供可靠数据。

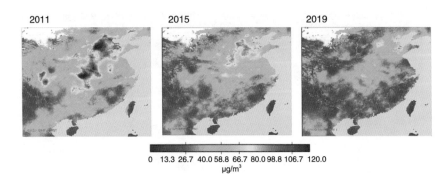

图5-26　利用卫星遥感监测中国东部PM2.5年际变化

此外，卫星根据运行轨道的不同，可分为极轨卫星和静止卫星两种。极轨卫星在离地面500~1 000 km的轨道上运行，所在的瞬时轨道平面与太阳始终保持固定的取向，可以使得卫星所经过地点的地方时基本相同；其轨道近乎通过地球的南北极，所以称它为近极地太阳同步轨道卫星，简称极轨卫星。静止卫星则运行在赤道上空约3.6×10^4 km高的轨道上，其轨道平面与赤道平面重合，轨道周期正好等于地球自转周期（23小时56分04秒），且卫星公转方向与地球自转方向相同，所以称它为地球同步轨道卫星。若从地面看，这种轨道上的卫星好像静止在天空某一地方不动，故又称它为地球静止卫星。

近几年来基于极轨卫星遥感进行的大气污染的研究已取得很大进展。例如，欧洲航天局于2017年10月发射的Sentinel-5P卫星，可实现回访周期不多于1天的大气环境遥感。我国于2018年5月发射的高分五号卫星（世界首颗实现对大气和陆地综合观测的全谱段高光谱卫星，回访周期约为1天），也具有用于PM2.5反演的潜力。未来，人们还将针对这些卫星开发大气反演算法，这定将使极轨卫星遥感应用迈上新征程。

但是，极轨卫星环绕地球运行回访周期较长，往往难以得到满足污染物动态监测要求的高时间分辨率的数据，而静止卫星则恰恰可以弥补这个不足。静止卫星的运行周期与地球自转周期一致，相对地球静止，可以对固定地区进行连续观测（例如，10~60 min的采样间隔）。其多时相的优势为同时具有高时间和空间分辨率的定量反演提供了可能。

然而，与常用的极轨卫星的轨道高度相比，静止卫星的轨道高度要高出几十倍。由于与地球距离太远，同样的传感器在静止卫星上进行观测，其空间分辨率要远低于在极轨卫星上的观测结果。因此科学家们正在积极开发适用于亚洲新一代静止卫星的反演算法，实现同时具有高时空分辨率的卫星反演。这些新卫星包括日本的葵花8号、我国自主研发的风云四号卫星以及韩国于2020年2月18日发射成功的全球首颗专门用于空气质量监测的对地静止环境监测光谱仪（GEMS）等。

除了用于PM10、PM2.5以及黑碳等大气污染的遥感，卫星遥感还广泛应用于海洋水色监测，可以"看到"海洋上层的叶绿素浓度、悬浮泥沙、部分可溶有机物以及某些污染物。例如海洋地形卫星和海洋动力环境卫星能"看到"海面的高度、波高、风速和风向，以及洋流、海洋重力场等；气象卫星则能"看到"大气的气压、温度、湿度、风向和风速、雨量，以及反射率、长波辐射等。日渐成熟的卫星遥感技术现在已经服务于我们生活的方方面面，它不只是对大气污染的监测与预报起着重要的作用，在气象预测、环境变化、城市规划和农林渔业等相关领域也举足轻重。

李莹，南方科技大学海洋科学与工程系助理教授，香港科技大学博士。主要从事大气二次污染成因和控制、海洋和大气环境定量遥感以及海气相互作用的大气化学与气候影响等方面的研究，在应用大气遥感和数值模拟研究珠三角大气污染机理和控制方面有重要成果。

海沟碳循环有什么意义

李芯芯

　　碳是地球上储量丰富的元素之一，它以多种形式广泛存在于水圈、大气圈、岩石圈和生物圈之中。碳元素支撑起自然界大多数的分子架构，其中的有机化合物更是生命的根本。简言之，有了碳，才有地球上形形色色的生命。

　　相对大气圈和陆地上的生物土壤圈层，海洋的储碳量是前者的60倍、后者的20倍。辽阔的海洋还可以吸收大量人为产生的二氧化碳，进而为平衡地球温度做出巨大贡献。海洋碳循环主要研究海洋与地球上其他圈层间，海洋内部有机碳、无机碳以及两者之间的生物地球化学转换过程和相互作用机制，是一种随着地球运动和质量守恒定律循环不止的现象。研究海洋碳循环有助于人类掌握海洋科学和全球气候变化的规律。

　　依据在海水中的溶解性，海洋中的有机碳可以分为两种，即用0.45 μm孔径的标准滤膜过滤海水，滤膜上留下的就是颗粒有机碳（POC），而滤液中含有的有机组分即溶解有机碳（DOC）。如果不考虑海洋沉积物，海洋中仅仅这两种有机碳的储存量便与大气中二氧化碳总量相当，足见其在全球碳储库中的重要性。

　　通过透光层（海水深度<200 m）中的光合作用，浮游植物吸收大气中的二氧化碳并将其转化为POC，这一过程是衡量海洋初级生产力的重要指标，直接影响着海洋与大气两大圈层的碳交换，即碳循环。除此之外，碳也在透光层以下的海洋水体中循环。深海碳循环是指含碳化合物在深层海洋水体中的迁移转化过程，一般发生在海洋中黑暗的1 000~6 000 m处，以及水深大于6 000 m、体积占全球海洋不到1%

的海沟区域。

海沟地区具有自上而下最全面的海洋分层结构，包括上层、中层、深层、深渊带（深海平原）和超深渊带（海沟）（图5-27）。一般而言，海洋深度每增加10 m，海水压力就增加1个大气压。所以海沟中的海水压力可达1 000多个大气压，相当于每1cm²区域约承受1 000 kg重物的压力。

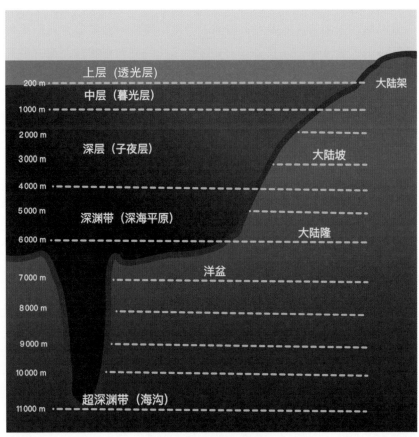

图5-27　海洋分层结构

注：上层（0~200 m，透光层）、中层（>200~1 000 m，暮光层）、深层（>1 000~4 000 m，子夜层）、深渊带（>4 000~6 000m，深海平原）和超深渊带（>6 000 m，海沟）。

海沟由于其极端深度而导致人类难以触及，它一贯被认为是神秘的生命罕至的"一潭死水"。18世纪末19世纪初，科学家利用回声探测技术对不同海域进行深度测定，但当时尚未真正实地勘察海沟环境，也没有获取可靠的深海生物或沉积物样品。海洋探测技术的发展开启了海沟研究的新纪元。近50年来研究人员先后对波多黎各海沟、日本海沟、马里亚纳海沟和汤加海沟等展开了一系列水文、地质和生物调查，并取得重大科学发现：海沟并不是大陆坡或海底平原的自然延续。海沟呈V字形的漏斗状，地形隔绝，高压、低温、无光、化学环境独特、地震活动频发，具有高度本土化的物种特异性，是21世纪海洋科学研究的"科学前沿"。海沟具有可观的物质输入、丰富的生物多样性和活跃的生命活动，并参与了深层气旋环流和大洋深海环流等物理过程，形成了独特的海沟碳循环过程。

二氧化碳在透光层中通过浮游植物的光合作用转化为POC。这些有机碳被微生物、浮游动物及次级消费者利用，产生排泄物、有机絮凝物（"海雪"）及其他形式的POC，经过沉降以及浮游动物的垂向迁移输出进入中层、深层及海沟环境中。这是海沟中有机碳的垂向来源，使海沟成为表层海洋初级生产力的巨大"捕获器"（图5-28）。

中层（>200~1 000 m）水中的微生物降解以及浮游生物的消耗使POC和DOC循环再生。由于呼吸和再矿化作用，有机碳转化为无机碳和其他化合物，导致垂向向下的输出通量大减。中层水的底部是"储碳层"，即生物的呼吸或有机物的再矿化作用减弱，使得碳储存时长可以达到百年以上。由于海水扰动的存在，此深度也会发生变化。

海沟内部的碳循环包含水体、生物体、微生物、沉积物内部以及相互之间碳库的迁移转化。这种过程既受到海沟上部数千米水体对碳循环输入和转化的影响，又受到海沟内部物质和能量的调控和传递影响，这涉及高等生物摄食、微生物化能自养和异养分解、自然沉降和再悬浮等的影响。表层海洋产生的颗粒有机物在经历中深层海区生物摄食和物理化学转化后，有很大一部分（20%~50%）以DOC的形式在深海累积，并通过物理过程垂直或横向迁移传输。

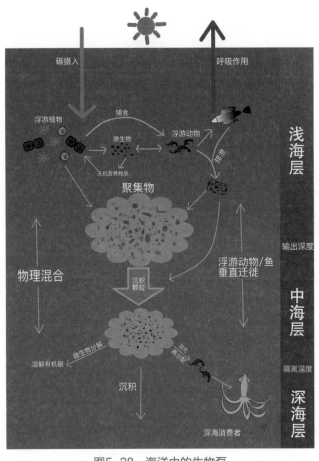

图5-28　海洋中的生物泵

　　海底地震引发的海底浊流等导致漏斗形海沟斜坡上的颗粒物横向迁移，最终沉降汇聚到海沟沟底，这是海沟碳循环重要且独特的横向过程。整体而言，海沟内部水体循环及动力学改变较为缓慢。所以海沟沟底汇聚的POC很难再被搬离转移出海沟。而海沟中的DOC则参与水体自养和异养微生物的生命过程，共同构成海沟的碳循环过程，使海沟成为潜在的有机碳沉积汇。海沟碳循环在不同时间尺度上都具有重要的研究意义。大陆架边缘海的固碳能力虽然很强，但储碳效率较低。相比之下，海沟碳输出能力较弱，但储碳效率较高，所以海沟碳循环会对全球气候变化产生抑制性的积极反馈。在地球的历史长河中，海沟碳循环与极端的静水压力一起孕育出新奇的生物类群，并对全球碳、能量、气候等产生潜在影响。约占地球表面积65%的深海及海沟还蕴藏着油气、多金属结核等资源。作为地球表面最后未被人类大规模认知或进入的空间，海沟的研究具有重要而长远的战略意义。

　　李芯芯，南方科技大学海洋科学与工程系助理教授，美国德州农工大学博士。主要工作是利用稳定及放射性碳同位素、生物标志物、微生物种群动态和代谢过程等方法研究从河口到海沟各海洋生态系统中有机碳的生物有机地球化学循环过程及其与海洋富营养化、缺氧效应和全球气候变化的相互关系。

物理海洋学研究些什么

刘志强

　　物理海洋学是海洋学研究的重要基础学科，主要基于物理手段研究海洋环流及其相关的物质、能量再分配过程的动力机制。这门学科旨在通过现场调查和"数字海洋"技术，解析海洋中多时空尺度的物理现象，厘清其产生、发展、消亡过程，并总结控制这些过程的动力学原理和机制，进而为人类生活、生产活动，社会管理和决策制定提供科学指导。此外，物理海洋学还可为海洋地质与生物地球化学等学科，海洋污染应对与环境保护等研究，以及海洋工程实践等提供多尺度流体动力学基础。

　　如图5-29所示，海洋环流对水体、物质、能量等的运输覆盖了非常大的时空尺度。时间尺度跨越从几分钟到几千年，而空间尺度跨越从几毫米到几千千米，涉及从海表到海底的整个海洋水体。每一种时空尺度下的动力过程往往受控于不同的机制，表现出不同的特征，这些过程无疑导致了物理海洋学研究的复杂性，对人类生产、生活，社会管理、决策制定等产生多方面的影响。

　　以全球暖化为例，海水具有大比热容特性，对海洋热量的吸收与存储非常敏感。因此海洋环流影响全球能量与热量的再分配，在很大程度上决定了全球暖化以及区域气候变化的响应过程。根据联合国政府间气候变化专门委员会的评估（图5-30）[97]，近年来，全球气候在经历了2000—2010年短暂的暖化停滞后，重新进入了快速升温阶段。温度升高的同时，增暖速率也在2012年以后迅速提高。海洋通过其巨大的比热容，吸收了19世纪工业化以来95%以上的全球增加的热量，并把这些热量向大洋深层传输[98]。因此，海洋是缓解全球变暖问题的重要调节器，这个调节器的核心引擎就是海水的流动和能量分配。如果没有海洋这个巨大的"水冷散热器"，相信现在的夏天一定会更加难熬。海洋环流具有复杂特性，具体体现为多时空尺度环流互

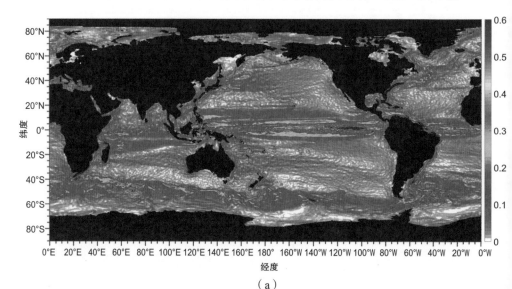

（a）

（b）

图5-29　多年平均的全球大洋多尺度海表流速（a）和海表温度（b）分布

（a）海表流速；（b）海表温度

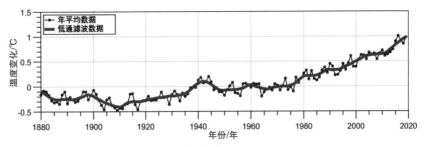

数据来源：NASA全球气候变化研究计划，http://climate.nasa.gov/vital-singns/global-temperature/。

图5-30　百年来全球平均温度以1880年为起点的变化曲线

相影响，如水体的小尺度混合过程在消耗能量的同时也会把一部分能量向大尺度环流传递，实现能量级串。这个海洋调节器及其复杂的相关过程是目前物理海洋学的主要研究对象及前沿科学问题。

可见，物理海洋学的研究对象是关联系统，需要与社会管理，人类生产、生活，以及经济发展等多方面结合，展开系统性的深入研究，包括风暴潮等短时间尺度海洋环流过程对沿海地区的影响，季节性尺度上的海洋环境、河口、海湾环流动力、水交换和以污染物为代表的物质扩散，年际尺度上与南方涛动相关的厄尔尼诺和拉尼娜过程对区域气候的影响，以及百年到千年尺度上的区域气候变化和海平面上升等问题。

物理海洋学在研究海洋环流等过程的基本特征时，往往需要进行大量的现场调查。但是，受制于人力与物力成本，现场调查往往只侧重这些过程的一些侧面信息，而无法给出海洋环流过程三维结构的全面时空特征。因此，依托数值模拟，构建高时空分辨率"数字海洋系统"，是研究海洋环流动力学与生物地球化学等过程的强有力工具。

构建"数字海洋系统"，首先需要对基于现场观测得到的海洋环流基本形态进行深入分析，然后获取海洋环流动力过程的控制方程，接着依托数值方法，将方程离散化，并结合高性能并行计算，在超级计算机中重构一个"数字海洋系统"。最为重要的是还要应用现场观测数据对"数字海洋系统"进行调整，使其接近真实的海洋形态。

最后分析"数字海洋系统"中全球海洋环流形态，深度解译真实海洋的多尺度海洋环流现象。

通过"数字海洋系统"，科学家可以方便地进行各种数值实验，预测未来百年、千年的海洋环流变化和气候效应。还可以通过调整系统中各种动力过程的大小和变化，对海洋环流动力学的控制方程进行调优，厘清各强迫过程，如大洋的潮汐、风场变化等对多尺度海洋环流以及与之相关的生物地球化学、物质交换等的调控机理。

南方科技大学海洋科学与工程系物理海洋研究组目前正在进行多时空尺度研究，其研究范围以粤港澳大湾区海域海洋环流和区域气候变化为中心，以南海海盆多层环流过程为重点，辐射到整个西太平洋区域。结合现场调查、卫星遥感和先进海洋环流数值模式，研究组已经成功搭建了第一代高分辨率西北太平洋"南方科技大学数字海洋系统"（SUSTech digital ocean system，SUSDOS），以研究现代南海多尺度环流的相互作用及其气候效应（图5-31）。实测数据证实SUSDOS可以很好地模拟现代（近20年来）南海的海洋过程，以及西北太平洋大尺度环流的联动机制和南海环流的基本特征。

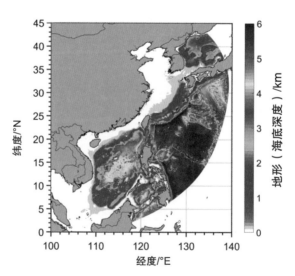

图5-31　第一代高分辨率西北太平洋"南方科技大学数字海洋系统"
（SUSDOS）计算区域和海底地形分布示意图

SUSDOS采用了基于大数据分析得到的高时空分辨率和多源数据融合气象模式，基于多年卫星观测的全球潮汐过程数据同化产品，结合物理海洋研究组科学家团队自主开发的开边界数值方法[99]，可以更好地分辨短时间尺度的海洋动力过程变化，从而更准确地预报粤港澳大湾区台风增水过程，为防灾减灾提供科学指导。

基于第一代SUSDOS，研究组正在开发第二代西北太平洋"南方科技大学数字海洋系统"，与海洋科学与工程系海洋地质和古地磁学研究团队以及海洋生物地球化学研究团队合作，重构十万到一万年前西北太平洋–南海海洋环流形态，并预测未来一万到十万年研究海区的海洋动力过程和相关的气候效应，将现代以联合国政府间气候变化专门委员会为代表的百年尺度气候预测系统延伸到更大的时间尺度，以更好地研究我国和东亚–西北太平洋地区的气候系统变异的长期特征，为我国以及世界应对气候变化的政策制定提供更长时间的科学指导。

刘志强，南方科技大学海洋科学与工程系助理教授，博士。主要从事西太平洋区域中多尺度物理海洋动力过程、变异及其调控机理的观测研究和数值模拟。研究领域为中国海海洋环流动力学，大洋西边界流系统，流体力学，物理海洋学，多尺度海盆–陆坡环流、近岸–河口环流动力学，海洋环流数值模拟。

为什么流感和冠状病毒可能通过气溶胶传播

邓巍巍

2020年上半年，新型冠状病毒肺炎席卷全世界，成为罕见的全球持续关注的卫生事件。中国卫生部门出版的《新型冠状病毒感染的肺炎公众防护指南》中提出了三种传播途径（图5-32），其中除了容易理解的"直接传播"和"接触传播"之外，还有"气溶胶传播"。那么气溶胶是什么呢？

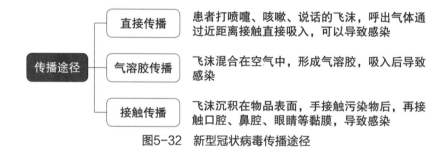

传播途径		
	直接传播	患者打喷嚏、咳嗽、说话的飞沫，呼出气体通过近距离接触直接吸入，可以导致感染
	气溶胶传播	飞沫混合在空气中，形成气溶胶，吸入后导致感染
	接触传播	飞沫沉积在物品表面，手接触污染物后，再接触口腔、鼻腔、眼睛等黏膜，导致感染

图5-32　新型冠状病毒传播途径

大家可能都有过这种经历：走在楼道里甚至路上，明明周围几十米之内都没有人，但仍然可以闻到烟味。我们闻到的就是烟草燃烧后形成的几百纳米大小的颗粒。越小的颗粒，空气的黏性作用就越明显。微米级的颗粒在空气中像是芝麻撒在蜂蜜里，几乎不下沉。定量来说，静止空气中同一高度的小颗粒停留时间跟其表面积成反比。对于粒径为1 μm的颗粒，在静止空气中沉降时间大于1 h。而环境中总有风吹草动，于是这些颗粒几乎永远不会沉降，始终停留在空气中。这也是抽烟的人可能早已经消失不见，但余味还久久不散的原因。这种在气体中稳定分散悬浮的液体或固体小颗粒叫作气溶胶

（aerosol）。之所以翻译为"胶"，大约就是取颗粒与媒介之间黏黏糊糊、难分难舍之意。

　　人们通过呼吸活动可以产生气溶胶。例如，打喷嚏是一个剧烈的雾化过程。人的呼吸道、口腔、鼻腔内都附着液体膜。微微清风可以吹皱一池春水，但风再剧烈些那些褶皱就更加深化，直至破碎、离开水面成为雾滴，打喷嚏的现象与这非常类似。喷嚏的气流速度可达50 m/s，堪比15级台风，于是瞬间吹皱了腮帮子、吹碎了口水。有科学家拍摄喷嚏后的液滴轨迹（图5-33）[100]，绿色代表上百微米的大液滴，惯性强，射程远至2 m，但是很快沉降；红色部分是几微米的小液滴飞沫，惯性弱，因空气黏性作用减速，并且瞬间蒸发成为微米级的颗粒，也叫飞沫核。含有病毒的飞沫核尺寸就在亚微米到微米之间，与烟草燃烧后的颗粒尺寸相当。因此，飞沫核在空气中可以悬浮很久，并且在空气中湍流的推波助澜下漂移到远方。飞沫核中的冠状病毒有蛋白质膜壳的保护，可能在相当长的时间内保持活性。若是被人吸入体内，就有可能导致感染冠状病毒。

图5-33　喷嚏的高速摄影图像

　　与打喷嚏、咳嗽、说话相比，病毒携带者的正常呼吸是最温和的活动，但也是最防不胜防的病毒传播方式。这是因为，在呼吸的时候，肺部在做大量、长时间的雾化，并且雾化的颗粒极小。肺是神奇的器官，像一棵倒置的大树，主干分成枝丫，支气管在肺内的分支可达25级，最后形成基本单元肺泡，直径跟头发丝相当。有种假说是肺泡在一呼一吸之间，所夹的黏液分开，像一个小肥皂泡破裂，瞬间产生极小的小液滴。这些液滴完全没有惯性，会随着呼出的气流出来，进入空气中。此外，肺炎是下呼吸道感染，也就是说下呼吸道的病毒含量更高。而成人约有4亿个肺泡，总表面积上百平方米，并且我们每时每刻都在呼吸。通过RT-PCR（Reverse Transcription-Polymerase Chain Reaction，逆转录—聚合酶链反应）技术测量，甲型流感患者每分钟排出3~20个RNA（核糖核酸），其中近90%的呼出颗粒直径小于1 μm。换算一下，经过大约15 min的呼吸，病毒数目即可达到甲型流感病毒的感染剂量。也就是说，流感或冠状病毒携带者哪怕不咳嗽、不打喷嚏，也会悄无声息、不间断地释放含病毒的气溶胶。因此，对此类确诊和疑似患者进行隔离是防止病毒扩散的重要措施。

　　新型冠状病毒传播的三个途径中，"直接传播"（也称为"飞沫传播"）途径可以通过戴口罩进行有效阻止，而且打喷嚏基本上是声势浩大的一锤子买卖，通常咳嗽的频率也较低（流感患者大约每小时咳嗽两次）。"接触传播"途径可以靠勤洗手、勤消毒来切断。相比之下，我们对"气溶胶传播"途径的认识还显得薄弱。例如，气溶胶的传播距离之远可能超过我们的想象，有研究表明马流感病毒在气溶胶模式下和在固定风向的作用下可能具备公里级的超长距离的传播能力；还有研究发现，在气溶胶状态下，暴露一小时后病毒仍可能保持感染能力。气溶胶传播不仅与呼出有关，也与吸入密切相关。有研究指出，颗粒在过饱和水汽中可能继续长大至感染性强的尺寸。这是因为气管是个非常湿润的环境，而吸入冷空气，会让气管内温度降低，水汽冷凝在飞沫核上，长大成为非常适合深入到下呼吸道的尺寸，增大感染概率。当然我们也不必过于担心气溶胶，在户外或者通风好的条件下，气溶胶浓度被大大稀释，病毒浓度急剧下降，会远低于感染剂量。但是在封闭空间及人群聚集的场合，要格外小心。此外，佩戴口罩对阻断气溶胶传播也有一定的作用，可降低感染概率。

　　总之，病毒的气溶胶传播和感染是个非常复杂、跨越超长时空的问题，还有许多未知的领域等待我们去研究和探索。对气溶胶病毒的防控需要跨越学科的精诚合作，从医学、生物、流体力学等多个角度协作才能给出完整的解决方案。

　　邓巍巍，南方科技大学力学与航空航天系教授，美国耶鲁大学博士。曾任美国弗吉尼亚理工大学机械工程系终身副教授，获得美国自然科学基金杰出青年教授奖（NSF CAREER Award）。致力于微小尺度实验流体力学、先进雾化技术和气溶胶研究。

参考文献

[1] SCHRÖDINGER E. Die Gegenwärtige Situation in Der Quantenmechanik [J] . Naturwissenschaften, 1935, 23（50）: 844–849.

[2] SCHRÖDINGER E. Discussion of Probability Relations between Separated Systems [J] . Mathematical Proceedings of the Cambridge Philosophical Society, 1935, 31（04）: 555–563.

[3] HEISENBERG W. Über Den Anschaulichen Inhalt Der Quantentheoretischen Kinematik Und Mechanik [J] . Zeitschrift Für Physik, 1927, 43: 172–198.

[4] BARDEEN J. Semiconductor Research Leading to the Point Contact Transistor [R] . The Nobel Prize Lecture, Royal Swedish Academy of Sciences, 1956.

[5] TOWNES C H. Production of Coherent Radiation by Atoms and Molecules [J] . Science, 1965, 149（3686）: 831–841.

[6] HAROCHE S, WINELAND D J. Particle Control in a Quantum World [R] . The Nobel Prize Lecture, Royal Swedish Academy of Sciences, 2012.

[7] DEUTSCH D. Quantum Theory, the Church–Turing Principle and the Universal Quantum Computer [J] . Proceedings of the Royal Society of London. A. Mathematical and Physical Sciences, 1985, 400（1818）: 97–117.

[8] FOWLER A G, MARIANTONI M, MARTINIS J M, et al. Surface Codes: Towards Practical Large–Scale Quantum Computation [J] . Physical Review A, 2012, 86（3）: 32324.

[9] LOSS D, DIVINCENZO D P. Quantum Computation with Quantum Dots [J] . Physical Review A, 1997, 57（1）: 120.

[10] DEVORET M H, WALLRAFF A, MARTINIS J M. Superconducting Qubits: A Short Review [EB/OL] . （2004–11–07）[2020–06–05] . https://arxiv.org/abs/cond-mat/0411174.

[11] KRANTZ P, KJAERGAARD M, YAN F, et al. A Quantum Engineer's Guide to Superconducting Qubits [J] . Applied Physics Reviews, 2019, 6（2）: 21318.

[12] GEORGESCU I M, ASHHAB S, NORI F. Quantum Simulation [J] . Reviews of Modern Physics, 2014, 86（1）: 153.

[13] SHOR P W. Algorithms for Quantum Computation: Discrete Logarithms and Factoring [C] //Proceedings 35th Annual Symposium on Foundations of Computer Science. IEEE, 1994: 124–134.

[14] GROVER L K. A Fast Quantum Mechanical Algorithm for Database Search [C] //Proceedings of the Twenty–Eighth Annual ACM Symposium on Theory of Computing, 1996: 216–219.

[15] SATYANARAYANAN M. The Emergence of Edge Computing [J] . Computer, 2017, 50 (1) : 30–39.

[16] SATYANARAYANAN M, GAO W, LUCIA B. The Computing Landscape of the 21st Century [C] //Proceedings of the 20th International Workshop on Mobile Computing Systems and Applications, 2019: 45–50.

[17] YANG C, ZHANG Y, TANG B, et al. Vaite: A Visualization–Assisted Interactive Big Urban Trajectory Data Exploration System [C] //2019 IEEE 35th International Conference on Data Engineering (ICDE) . IEEE, 2019: 2036–2039.

[18] FOGEL L J, OWENS A J, WALSH M J. Artificial Intelligence Through Simulated Evolution [M] . New Jersey: Wiley, 1966.

[19] HOLLAND J H. Adaptation in Natural and Artificial Systems: An Introductory Analysis with Applications to Biology, Control, and Artificial Intelligence [M] . Massachusetts: MIT Press, 1992.

[20] RECHENBERG I. Evolution Strategy: Optimization of Technical Systems by Means of Biological Evolution [J] . Fromman–Holzboog, Stuttgart, 1973, 104: 15–16.

[21] SUCH F P, MADHAVAN V, CONTI E, et al. Deep Neuroevolution: Genetic Algorithms are a Competitive Alternative for Training Deep Neural Networks for Reinforcement Learning [EB/OL] . (2017–12–18) [2020–06–05] . https://arxiv.org/abs/1712.06567.

[22] CHENG R, RODEMANN T, FISCHER M, et al. Evolutionary Many–Objective Optimization of Hybrid Electric Vehicle Control: From General Optimization to Preference Articulation [J] . IEEE Transactions on Emerging Topics in Computational Intelligence, 2017, 1 (2) : 97–111.

[23] ZHANG X, DING B, CHENG R, et al. Computational Intelligence-Assisted Understanding of Nature-Inspired Superhydrophobic Behavior [J] . Advanced Science, 2018, 5 (1) : 1700520.

[24] ZHONG V, XIONG C, SOCHER R. Seq2sql: Generating Structured Queries from Natural Language Using Reinforcement Learning [EB/OL] . (2017–

参考文献

11-13）［2020-06-05］. https://arxiv.org/abs/1709.00103.

［25］GULWANI S. Dimensions in Program Synthesis［C］//Proceedings of the 12th International ACM SIGPLAN Symposium on Principles and Practice of Declarative Programming, 2010: 13-24.

［26］JIN Z, ANDERSON M R, CAFARELLA M, et al. Foofah: Transforming Data by Example［C］//Proceedings of the 2017 ACM International Conference on Management of Data, 2017: 683-698.

［27］DEVLIN J, UESATO J, BHUPATIRAJU S, et al. Robustfill: Neural Program Learning under Noisy I/O［C］//Proceedings of the 34th International Conference on Machine Learning-Volume 70. JMLR. org. , 2017: 990-998.

［28］KALYAN A, MOHTA A, POLOZOV O, et al. Neural-Guided Deductive Search for Real-Time Program Synthesis from Examples［EB/OL］. （2018-04-03）［2020-06-05］. https://arxiv.org/abs/1804.01186.

［29］GU Z, CHENG J, FU H, et al. CE-Net: Context Encoder Network for 2D Medical Image Segmentation［J］. IEEE Transactions on Medical Imaging, 2019, 38（10）: 2281-2292.

［30］ZORN K C, GOFRIT O N, ORVIETO M A, et al. Da Vinci Robot Error and Failure Rates: Single Institution Experience on a Single Three-Arm Robot Unit of More than 700 Consecutive Robot-Assisted Laparoscopic Radical Prostatectomies［J］. Journal of Endourology, 2007, 21（11）: 1341-1344.

［31］LIU J, ZHANG Z, WONG D W K, et al. Automatic Glaucoma Diagnosis through Medical Imaging Informatics［J］. Journal of the American Medical Informatics Association, 2013, 20（6）: 1021-1027.

［32］SONG X, ZHANG Q, SEKIMOTO Y, et al. Intelligent System for Human Behavior Analysis and Reasoning Following Large-Scale Disasters［J］. IEEE Intelligent Systems, 2013, 28（4）: 35-42.

［33］HEY T, TANSLEY S, TOLLE K. The Fourth Paradigm: Data-Intensive Scientific Discovery［M］. WA: Microsoft Research Redmond, 2009.

［34］BALACHANDRAN P V, BRODERICK S R, RAJAN K. Identifying the "Inorganic Gene" for High-Temperature Piezoelectric Perovskites Through Statistical Learning［J］. Proceedings of the Royal Society A: Mathematical, Physical and Engineering Sciences, 2011, 467（2132）: 2271-2290.

［35］RACCUGLIA P, ELBERT K C, ADLER P D F, et al. Machine-Learning-Assisted Materials Discovery Using Failed Experiments［J］. Nature, 2016, 533（7601）: 73-76.

［36］REN F, WARD L, WILLIAMS T, et al. Accelerated Discovery

of Metallic Glasses Through Iteration of Machine Learning and High-Throughput Experiments [J] . Science Advances, 2018, 4（4）: eaaq1566.

［37］XIANG X D, SUN X, BRICENO G, et al. A Combinatorial Approach to Materials Discovery [J] . Science, 1995, 268（5218）: 1738–1740.

［38］CHEN H, ZHENG B, SHEN L, et al. Ray-Optics Cloaking Devices for Large Objects in Incoherent Natural Light [J] . Nature Communications, 2013, 4（1）: 1–6.

［39］SCHURIG D, MOCK J J, JUSTICE B J, et al. Metamaterial Electromagnetic Cloak at Microwave Frequencies [J] . Science, 2006, 314（5801）: 977–980.

［40］VESELAGO V G. The Electrodynamics of Substances with Simultaneously Negative Values of ϵ and μ [J] . Soviet Physics Uspekhi, 1968, 10（4）: 509–514.

［41］SHELBY R A, SMITH D R, SCHULTZ S. Experimental Verification of a Negative Index of Refraction [J] . Science, 2001, 292（5514）: 77–79.

［42］KHORASANINEJAD M, CHEN W T, DEVLIN R C, et al. Metalenses at Visible Wavelengths: Diffraction-Limited Focusing and Subwavelength Resolution Imaging [J] . Science, 2016, 352（6290）: 1190–1194.

［43］SHALAEV M I, SUN J, TSUKERNIK A, et al. High-Efficiency All-Dielectric Metasurfaces for Ultracompact Beam Manipulation in Transmission Mode [J] . Nano Letters, 2015, 15（9）: 6261–6266.

［44］SUN J, SHALAEV M I, LITCHINITSER N M. Experimental Demonstration of a Non-Resonant Hyperlens in the Visible Spectral Range [J] . Nature Communications, 2015, 6（1）: 1–6.

［45］WANG D Z. A Helix Theory for Molecular Chirality and Chiral Interaction [J] . Mendeleev Communications, 2004, 14（6）: 244–247.

［46］邢其毅, 裴伟伟, 徐瑞秋, 等. 基础有机化学 [M] . 4版. 北京: 北京大学出版社, 2017.

［47］CLAYDEN J, WARREN S G N. Organic Chemistry [M] . 2nd ed. Oxford: Oxford University Press, 2012.

［48］WANG D Z. Conservation of Helicity and Helical Character Matching in Chiral Interactions [J] . Chirality, 2005, 17（S1）: S177–S182.

［49］WANG D Z. Catalyst-Substrate Helical Character Matching Determines Enantiomeric Excess [J] . Tetrahedron, 2005, 61（30）: 7134–7143.

［50］林国强. 手性合成: 不对称反应及其应用 [M] . 2版. 北京: 科学出版社, 2005.

［51］林国强，王梅祥. 手性合成与手性药物［M］. 北京：化学工业出版社，2008.

［52］冯小明. 不对称合成领域发展态势分析［J］. 科学观察，2012，7（6）：33–37.

［53］STUDER A, CURRAN D P. Catalysis of Radical Reactions：A Radical Chemistry Perspective［J］. Angewandte Chemie International Edition，2016，55（1）：58–102.

［54］SIBI M P, MANYEM S, ZIMMERMAN J. Enantioselective Radical Processes［J］. Chemical Reviews，2003，103（8）：3263–3296.

［55］WANG K, KONG W. Recent Advances in Transition Metal-Catalyzed Asymmetric Radical Reactions［J］. Chinese Journal of Chemistry，2018，36（3）：247–256.

［56］SCHRÖDINGER E. What is Life? The Physical Aspect of a Living Cell［M］. Gambrige：Cambridge University Press，1944.

［57］SEEMAN N C. DNA in a Material World［J］. Nature，2003，421（6921）：427–431.

［58］ROTHEMUND P W K. Folding DNA to Create Nanoscale Shapes and Patterns［J］. Nature，2006，440（7082）：297–302.

［59］QIAN L, WANG Y, ZHANG Z, et al. Analogic China Map Constructed by DNA［J］. Chinese Science Bulletin，2006，51（24）：2973–2976.

［60］ANDERSEN E S, DONG M, NIELSEN M M, et al. Self–Assembly of a Nanoscale DNA Box with a Controllable Lid［J］. Nature，2009，459（7243）：73–76.

［61］FU J, LIU M, LIU Y, et al. Interenzyme Substrate Diffusion for an Enzyme Cascade Organized on Spatially Addressable DNA Nanostructures［J］. Journal of the American Chemical Society，2012，134（12）：5516–5519.

［62］CANGIALOSI A, YOON C, LIU J, et al. DNA Sequence–Directed Shape Change of Photopatterned Hydrogels via High–Degree Swelling［J］. Science，2017，357（6356）：1126–1130.

［63］LI S, JIANG Q, LIU S, et al. A DNA Nanorobot Functions as a Cancer Therapeutic in Response to a Molecular Trigger in Vivo［J］. Nature Biotechnology，2018，36（3）：258.

［64］MATTHYSSEN S, VAN DEN BOGERD B, DHUBHGHAILL S N, et al. Corneal Regeneration：A Review of Stromal Replacements［J］. Acta Biomaterialia，2018，69：31–41.

［65］BRON A J. The Architecture of the Corneal Stroma ［J］. British Journal of Ophthalmology, 2001: 85（4）: 379–381.

［66］DANDONA R, DANDONA L. Corneal Blindness in a Southern Indian Population: Need for Health Promotion Strategies ［J］. British Journal of Ophthalmology, 2003, 87（2）: 133–141.

［67］OLIVA M S, SCHOTTMAN T, GULATI M. Turning the Tide of Corneal Blindness ［J］. Indian Journal of Ophthalmology, 2012, 60（5）: 423.

［68］QAZI Y, HAMRAH P. Corneal Allograft Rejection: Immunopathogenesis to Therapeutics ［J/OL］. ［2020–04–28］. Journal of Clinical and Cellular Immunology, 2013（Suppl 9）: 6https://pubmed.ncbi.nlm.nih.gov/24634796/. DOI: 10. 4172/2155–9899. S9–006.

［69］DOHLMAN C H, SCHNEIDER H A, DOANE M G. Prosthokeratoplasty ［J］. American Journal of Ophthalmology, 1974, 77（5）: 694–700.

［70］WU Z, KONG B, LIU R, et al. Engineering of Corneal Tissue Through an Aligned PVA/Collagen Composite Nanofibrous Electrospun Scaffold ［J］. Nanomaterials, 2018, 8（2）: 124.

［71］ISAACSON A, SWIOKLO S, CONNON C J. 3D Bioprinting of a Corneal Stroma Equivalent ［J］. Experimental Eye Research, 2018, 173: 188–193.

［72］CUI Z, ZENG Q, LIU S, et al. Cell–Laden and Orthogonal–Multilayer Tissue–Engineered Corneal Stroma Induced by a Mechanical Collagen Microenvironment and Transplantation in a Rabbit Model ［J］. Acta Biomaterialia, 2018, 75: 183–199.

［73］MAJUMDAR S, WANG X, SOMMERFELD S D, et al. Cyclodextrin Modulated Type I Collagen Self-Assembly to Engineer Biomimetic Cornea Implants ［J］. Advanced Functional Materials, 2018, 28（41）: 1804076.

［74］谭汝铿, 曾润玲, 王卓然, 等. 人源类器官的研究进展及在口腔医学的展望 ［J］. 中华口腔医学研究杂志（电子版）, 2019, 13（2）: 65–70.

［75］王楚, 高建军, 华国强. 肠道类器官在精准医学中的应用 ［J］. 中国科学: 生命科学, 2017, 47（2）: 171–179.

［76］HENDERSON R, UNWIN P N T. Three–Dimensional Model of Purple Membrane Obtained by Electron Microscopy ［J］. Nature, 1975, 257（5521）: 28–32.

［77］HENDERSON R, BALDWIN J M, CESKA T A, et al. Model for the Structure of Bacteriorhodopsin Based on High–Resolution Electron Cryo–

Microscopy [J]. Journal of Molecular Biology, 1990, 213（4）: 899–929.

[78] 蒋滨, 李从刚, 刘买利. 生物大分子冷冻电镜结构解析技术研究进展: 2017年诺贝尔化学奖解读 [J]. 中国科学: 化学, 2018, 48（3）: 277–281.

[79] ANDRIANANTOANDRO E, BASU S, KARIG D K, et al. Synthetic Biology: New Engineering Rules for an Emerging Discipline [J]. Molecular Systems Biology, 2006, 2（1）: 1–14.

[80] HOEKSTRA A Y, CHAPAGAIN A K, MEKONNEN M M, et al. The Water Footprint Assessment Manual: Setting the Global Standard [M]. NewYork: Routledge, 2011.

[81] 刘俊国, 曾昭, 赵乾斌. 水足迹评价手册 [M]. 北京: 科学出版社, 2012.

[82] HOEKSTRA A Y. Virtual Water Trade: A Quantification of Virtual Water Flows between Nations in Relation to International Crop Trade [C] //Proceedings of the International Expert Meeting on Virtual Water Trade 12, Delft, 2003: 25–47.

[83] ZHAO D, HUBACEK K, FENG K, et al. Explaining Virtual Water Trade: A Spatial–Temporal Analysis of the Comparative Advantage of Land, Labor and Water in China [J]. Water Research, 2019, 153: 304–314.

[84] HOEKSTRA A Y, MEKONNEN M M. The Water Footprint of Humanity [J]. Proceedings of the National Academy of Sciences, 2012, 109（9）: 3232–3237.

[85] FALCONER R A, NORTON M R. Global Water Security: Engineering the Future [M]. Belin: Springer, 2012: 261–269.

[86] FALKENMARK M, LUNDQVIST J, WIDSTRAND C. Coping with Water Scarcity [J]. Water Resources, 1990, 6（1）: 29–42.

[87] LIU J, SAVENIJE H H G. Food Consumption Patterns and Their Effect on Water Requirement in China [J]. Hydrology and Earth System Sciences, 2008, 12（3）: 887–898. .

[88] SCHWARZENBACH R P, EGLI T, HOFSTETTER T B, et al. Global Water Pollution and Human Health [J]. Annual Review of Environment and Resources, 2010, 35: 109–136.

[89] ZENG Z, LIU J, KOENEMAN P H, et al. Assessing Water Footprint at River Basin Level: A Case Study for the Heihe River Basin in Northwest China [J]. Hydrology and Earth System Sciences, 2012, 16（8）: 2771–2781.

[90] CHEN X, LI H, CHAN W F, et al. Arsenite Transporters Expression

in Rice（Oryza Sativa L.）Associated with Arbuscular Mycorrhizal Fungi（AMF）Colonization under Different Levels of Arsenite Stress［J］. Chemosphere, 2012, 89（10）: 1248–1254.

［91］CHEN X W, WU F Y, LI H, et al. Phosphate Transporters Expression in Rice（Oryza Sativa L.）Associated with Arbuscular Mycorrhizal Fungi（AMF）Colonization under Different Levels of Arsenate Stress［J］. Environmental and Experimental Botany, 2013, 87: 92–99.

［92］张海亮，梁冬云，刘勇. 电镀污泥处理现状及进展［J］. 再生资源与循环经济, 2017, 10（7）: 25–30.

［93］何强，井文涌，王翊亭. 环境学导论［M］. 3版. 北京: 清华大学出版社, 2004.

［94］SHIH K, TANG Y. Applying Kaolinite–Mullite Reaction Series to Immobilize Toxic Metals in Environment［M］. New York: Nova Science Publishers, 2012.

［95］TANG Y, SHIH K, WANG Y, et al. Zinc Stabilization Efficiency of Aluminate Spinel Structure and Its Leaching Behavior［J］. Environmental Science & Technology, 2011, 45（24）: 10544–10550.

［96］LIU M, WANG S, JIANG L. Nature–Inspired Superwettability Systems［J］. Nature Reviews Materials, 2017, 2（7）: 1–17.

［97］ALLEN M R, DE CONINCK H, DUBE O P, et al. Global Warming of 1.5℃: An IPCC Special Report on the Impacts of Global Warming of 1.5℃ above Pre–Industrial Levels and Related Global Greenhouse Gas Emission Pathways, in the Context of Strengthening the Global Response to the Threat of Climate Change, Sustainable Development, and Efforts to Eradicate Poverty［R］. Geneva: Intergovernmental Panel on Climate Change, 2018.

［98］RHEIN M, RINTOUL S R, AOKI S, et al. Observations: Ocean［M］. Cambrige: Cambridge University Press, 2013: 255–316.

［99］LIU Z, GAN J. Open Boundary Conditions for Tidally and Subtidally Forced Circulation in a Limited-area Coastal Model Using the Regional Ocean Modeling System（ROMS）［J］. Journal of Geophysical Research: Oceans, 2016, 121（8）: 6184–6203.

［100］BOUROUIBA L. Turbulent Gas Clouds and Respiratory Pathogen Emissions: Potential Implications for Reducing Transmission of COVID–19［J］. Jama, 2020, 328（28）: 1837–1838.